网络安全与云计算

安　庆 廖倬跃 刘　杰◎著

燕山大学出版社
·秦皇岛·

图书在版编目（CIP）数据

网络安全与云计算 / 安庆，廖倬跃，刘杰著 . — 秦皇岛：燕山大学出版社，2022.6（2026.1重印）
ISBN 978-7-5761-0358-8

Ⅰ . ①网… Ⅱ . ①安…②廖… ③刘… Ⅲ . ①计算机网络—网络安全—研究②云计算—研究
Ⅳ . ① TP393.08 ② TP393.027

中国版本图书馆 CIP 数据核字（2022）第 080223 号

网络安全与云计算

安 庆 廖倬跃 刘 杰 著

出 版 人：陈 玉
责任编辑：王 宁　　**策划编辑：**吴 波
责任印制：吴 波　　**封面设计：**星辰创意
出版发行：燕山大学出版社 YANSHAN UNIVERSITY PRESS　　**电 话：**0335-8387555
地 址：河北省秦皇岛市河北大街西段 438 号　　**邮政编码：**066004
印 刷：廊坊市印艺阁数字科技有限公司　　**经 销：**全国新华书店

开 本：710mm × 1000mm 1/16　　**印 张：**12.75
版 次：2022 年 6 月第 1 版　　**印 次：**2026年 1月第 2次印刷
书 号：ISBN 978-7-5761-0358-8　　**字 数：**221 千字
定 价：52.00 元

前　言

网络以其丰富的信息资源和灵活的服务方式正越来越广泛地覆盖人们的生活，依赖网络的各种应用及信息共享服务已经非常普及。在错综复杂的网络环境中，信息的传递和共享使安全问题也变得越来越突出，网络安全问题在整个网络应用中不容回避，对网络安全相关知识的学习和研究已经成为人们生活和工作中非常重要的组成部分。

由于因特网本身安全性设计的缺陷及其开放性的应用环境，网络安全变得十分脆弱。一些黑客正是利用网络存在的安全漏洞向网络系统不断发起攻击。不管黑客或网络攻击者出于何种目的，目前一些黑客的恶意攻击正成为全球新的公害。因此，我们应该认识黑客、了解黑客、防御黑客的入侵，从技术上剖析黑客的种种攻击手段，让普通网民，特别是大学生及网络管理人员对黑客技术和网络安全漏洞有一个大致的了解，从而把因网络安全问题引起的损失降到最低。

随着网络用户的逐渐增多，传统的计算网络平台已无法满足实际需求，故云计算应运而生。云计算离不开计算机网络，计算机网络也是云计算的基础。作为一种商业计算模型，云计算是基于网络将计算任务分布在大量计算机构成的资源池上，使用户能够借助网络按需获取计算力、存储空间和信息服务。云计算融合了大量革新技术，它不仅是技术革新驱动商业模式变革的产物，也是用户需求驱动的结果。

随着互联网的不断发展和海量数据处理需求的增加，云计算技术成为当前最热门的 IT 技术，被视为 IT 业的下一次革命。云计算是在传统的数据存储、分布式计算和网络技术等计算机技术的基础之上发展而来的，它增强了分布式存储和处理海量数据的能力，以方便人们按需及时获取相应服务。在当今这个数据信息大爆炸的时代，云计算的实现和发展日益显现出了它的强大存储计算能力和广泛应用前景。随着计算机网络技术不断走进我们的工作和生活，其安全性一直是社会关注的重点。网络信息的安全问题会导致一系列的严重后果，为用户带来不可估量的损失。在网络环境不断发展的同时，加强网络安全应用的研究已经成为计算机网络发展必须关注的重点问题。

CONTENTS

目录

第一章　网络安全概述

第一节　网络安全概念及现状

随着信息技术的迅速发展，网络已成为重要的信息传播工具。而随着互联网技术的飞速发展，网络安全问题也受到越来越广泛的关注，各种病毒花样繁多、层出不穷，系统、程序、软件的安全漏洞越来越多，黑客们常通过不正当的手段侵入他人计算机，非法获得用户的信息资料，给正常使用互联网的用户带来不可估计的损失。因此，网络安全越来越引起人们的重视。

一、网络安全的概念

人们在享受信息化带来的众多好处的同时，也面临着日益突出的信息安全与保密问题。计算机网络信息安全技术经过多年的发展，在信息安全技术的研究基础上形成了两个完全不同的角度和方向：一个是从正面防御角度考虑，研究加密、鉴别、认证、授权和访问控制等；另一个是从反面攻击角度考虑，研究漏洞的扫描评估、入侵检测、紧急响应和病毒预防。网络安全从其本质上来讲就是网络上的信息安全，它涉及的领域相当广泛，这是因为在目前的公用通信网络中存在着各种各样的安全漏洞和威胁。下面给出网络安全的一个通用定义：网络安全就是网络上的信息安全，是指网络系统的硬件、软件及其系统中的数据受到保护，不因偶然或者恶意的原因而遭到破坏、更改、泄露，系统能连续、可靠、正常地运行，保证网络服务不中断[①]。

广义来说，凡是涉及网络上信息的保密性、完整性、可用性、真实性和可控性的相关技术和理论，都是网络安全研究的领域。

网络安全涉及的内容既有技术方面的问题，也有管理方面的问题，两者相互补充，缺一不可。技术方面主要侧重于防范外部非法用户的攻击，管理方面则侧

---

① 李剑．计算机网络安全 [M]. 北京：机械工业出版社，2019.

重于内部人为因素的管理。网络安全要考虑以下几个方面的内容。

（一）网络系统的安全

网络系统的安全主要包括以下几方面的问题：第一，网络操作系统的安全性。比较流行的操作系统（UNIX、Windows7/8/10 等）均存在网络安全漏洞。第二，来自外部的安全威胁。第三，来自内部用户的安全威胁。第四，通信协议软件本身缺乏安全性（如 TCP/IP 协议）。第五，计算机病毒感染。第六，应用服务的安全，许多应用服务系统在访问控制及安全通信方面考虑不周全。

（二）局域网安全

局域网采用广播方式，在同一个广播域中可以侦听到在该局域网上传输的所有信息包，这是一个不安全的因素。

（三）因特网互联安全

非授权访问、冒充合法用户、破坏数据完整性、干扰系统正常运行、利用网络传播病毒等都是在因特网上经常遇到的问题。

（四）数据安全

事实上，无论因特网还是其他专用网络，都必须注意数据的安全性问题，以保护本单位、本部门的信息资源不受到外来因素的侵害。

从根本意义上讲，绝对安全的计算机是不存在的，绝对安全的网络也是不可能有的。只有存放在一个无人知晓的密室里而又不通电的计算机才可以称得上安全。计算机只要投入使用，就或多或少地存在着安全问题，只是程度不同而已。因此，在探讨网络安全的时候，实际上指的是一定程度上的网络安全。而到底需要多大的安全性，要依据实际需要及自身能力而定。网络安全性越高，也就意味着网络的管理越复杂。网络的安全性与网络管理的便利性是相互矛盾的关系。

二、网络安全模型

信息需要从一方通过网络传送到另一方，在传送过程中居主体地位的双方必须相互合作以便进行交换，通过通信协议（如 TCP/IP）在两个主体之间可以建立一条逻辑信息通道。

为防止对手对信息机密性、可靠性等造成破坏，需要保护传送的信息。保证安全性的所有机制包括以下两部分。

第一，对被传送的信息进行与安全相关的转换。加密消息使对手无法阅读，补充代码可以用来验证发送方的身份。

第二，两个主体共享不希望对手得知的保密信息。例如使用密钥链接，在发送前对信息进行转换，在接收后再转换回来。为了实现安全传送，可能需要可信任的第三方。例如第三方可能会负责向两个主体分发保密信息，而向其他对手保密，或者需要第三方对两个主体间传送信息可靠性的争端进行仲裁。这种通用模型指出了设计特定安全服务的四个基本任务：第一，设计执行与安全性相关的转换算法，该算法必须使对手不能对算法进行破解以实现其目的。第二，生成算法使用的保密信息。第三，开发分发和共享保密信息的方法。第四，指定两个主体要使用的协议，并利用安全算法和保密信息来实现特定的安全服务。

三、计算机安全的分级

计算机操作系统的安全级别在美国国防部发表的橘皮书——《可信计算机系统评估准则》中被分为四个等级、七个级别，即 D（最低保护等级）、C（自主保护等级）、B（强制保护等级）、A（验证保护等级）四等，细分为 D、C1、C2、B1、B2、B3、A1 七级。D 级——计算机安全的最低一级。不要求用户进行登录密码保护，任何人都可以使用，整个系统是不可信任的，硬件和软件都易被他人侵袭。C1 级——自主安全保护级。要求硬件有一定的安全级（如计算机带锁），用户必须通过登录认证方可使用系统，并建立了访问许可权限机制。C2 级——受控存取保护级。比 C1 级增加了几个特性，即引进了受控访问环境，进一步限制了用户执行某些系统指令；授权分级使系统管理员为用户分组，授予他们访问某些程序和分级目录的权限；采用系统审计，跟踪记录所有安全事件及系统管理员的工作。B1 级——标记安全保护级。对网络上每个对象都实施保护；支持多级安全，对网络、应用程序工作站实施不同的安全策略；对象必须在访问控制之下，不允许拥有者自己改变所属资源的权限。B2 级——结构化保护级。对网络和计算机系统中所有对象都加以定义，分配给一个标签；为工作站、终端等设备分配不同的安全级别；按最小特权原则取消权力无限大的特权用户。B3 级——安全域级。要求用户工作站或终端必须通过可信任的途径链接到网络系统内部的主机上；利用硬件来保护系统的数据存储区；根据最小特权原则，增加了系统安全员，将系统管理员、系统操作员和系统安全员的职责分离，将人为因素对计算机安全的威胁降至最小。A1 级——验证设计级。这是计算机安全级别中最高的一级，本级包括了以上各级别的所有措施，并附加了一个安全系统的受监视设计；合格的个体必须经过分析并通过这一设计；所有构成系统的部件来源都必须有安全保证；这一级还规定了将安全计算机系统运送到现场安装所必须遵守的程序。

在网络的具体设计过程中，应根据网络总体规划提出的各项技术规范、设备类型、性能要求及经费等，综合考虑来确定一个比较合理、性能较高的网络安全级别，从而实现网络的安全性和可靠性。

四、网络安全的重要性

在信息社会中，信息具有与能源、物源同等的价值，在某些时候甚至具有更高的价值。具有价值的信息必然存在安全性的问题，对于企业更是如此。例如在竞争激烈的市场经济驱动下，每个企业对于原料配额、生产技术、经营决策等信息，在特定的地点和业务范围内都具有保密的要求，这些机密一旦被泄露，不仅会给企业带来损失，甚至会给国家造成严重的经济损失。

经济社会的发展要求各用户之间的通信和资源进行共享，这就需要将一批计算机联成网络，如此一来便隐藏着很大的风险，包含了极大的脆弱性和复杂性。特别是当今最大的网络——互联网，很容易遭到别有用心者的恶意攻击和破坏。随着国民经济信息化程度的提高，大量有关的情报和商务信息都高度集中地存放在计算机中。随着网络应用范围的扩大，信息泄露问题也变得日益严重。因此，计算机网络的安全性问题就越来越重要。

五、网络安全的现状

互联网与生俱有的开放性、交互性和分散性特征，使人类憧憬的信息共享、开放、灵活和快速等需求得到满足。网络环境为信息共享、信息交流和信息服务创造了理想空间，网络技术的迅速发展和广泛应用，为人类社会的进步提供了巨大推动力。正是由于互联网的上述特性，产生了许多安全问题：第一，黑客（Hacker）问题。黑客是指在因特网上一批熟悉网络技术的人，经常利用网络上现存的一些漏洞，设法进入他人的计算机系统。有些人只是好奇，而有些人则是心怀不良动机侵入他人的计算机系统。他们偷窥机密信息，或破坏其计算机系统，这部分人就被称为“黑客”。尽管人们在计算机技术上作出了种种努力，但这种攻击却愈演愈烈。从单一地利用计算机病毒和用黑客手段进行入侵攻击，转变为使用恶意代码与黑客攻击手段相结合，使得这种攻击具有传播速度迅猛、受害面惊人和穿透深度高的特点，往往一次攻击就会给受害者带来严重的破坏和损失。第二，信息泄露、信息污染、信息不易受控。例如资源未授权侵用、未授权信息流出现、系统拒绝信息流和系统否认等，这些都是信息安全的技术难点。第三，在网络环境中，一些组织或个人出于某种特殊目的，进行信息泄密、信息破坏、信息侵权和意识形态的信息渗透，甚至通过网络进行政治颠覆等活动，使国家利益、社会公共利益和各类主体的合法权益受到威胁。第四，网络运用的趋势是全社会广泛参与，随之而来的是控制权分散的管理问题。由于人们的利益、目标及价值观产生分歧，信息资源的保护和管理出现脱节和真空，从而使信息安全问题变得广泛而复杂。第五，随着社会重要基础设施的高度信息化，社会的命脉和核心控制系统有可能面临恶意攻击而导致损坏和瘫痪，包括国防通信设施、动力控制网、金融系统和政府网站等。

近年来，人们的网络安全意识逐步提高，很多企业根据核心数据库和系统运营的需要，逐步部署了防火墙、防病毒和入侵检测系统等安全产品，并配备了相应的安全策略。虽然有了这些措施，但并不能解决一切问题。我国网络安全问题日益突出，其主要表现在以下几个方面。

（一）安全事件不能及时、准确发现

网络设备、安全设备、计算机系统每天生成的日志可能有上万条甚至几十万条，利用人工对多个安全系统的大量日志进行实时审计、分析的工作通常都流于形式，再加上误报（如网络入侵检测系统 NIDS、互联网协议群 IPS）、漏报（如未知病毒、未知网络攻击、未知系统攻击）等问题，造成不能及时、准确地发现安全事件。

（二）安全事件不能准确定位

信息安全系统通常是由防火墙、入侵检测、漏洞扫描、安全审计、防病毒、流量监控等产品组成的，但是由于安全产品来自不同的厂商，且没有统一的标准，所以安全产品之间无法进行信息交流，于是形成许多安全孤岛和安全盲区。由于事件孤立，相互之间无法形成很好的集成关联，因而一个事件的出现不能关联到真实问题。如入侵检测系统事件报警，就需关联同一时间防火墙报警、被攻击的服务器安全日志报警等，从而确定是真实报警还是误报。如是未知病毒的攻击，

则分为两类，即网络病毒和主机病毒。网络病毒大多表现为流量异常，主机病毒大多表现为中央处理器异常、内存异常、磁盘空间异常、文件的属性和大小改变等。要发现这个问题，就需要关联流量监控（网络病毒）、服务器运行状态监控（主机病毒）和完整性检测（主机病毒）。为了预防网络病毒大规模爆发，则必须在病毒爆发前快速发现中毒机器并切断源头。例如服务器的攻击可能是遭受病毒感染，分布式拒绝服务 DDoS（Distributed Denial of Service）攻击可能是服务器 CPU 超负荷，端口某服务流量太大、访问量太大等，必须将多种因素结合起来才能更好的分析，快速了解真实问题点并及时恢复正常。其中，DDoS 是一种基于 DoS 的特殊形式的拒绝服务攻击，是一种分布、协作的大规模攻击方式，主要瞄准比较大的站点，像商业公司、搜索引擎和政府部门的站点。DDoS 攻击是利用一批受控制的机器向一台机器发起攻击，这样来势迅猛的攻击令人难以防备，因此具有较大的破坏性。

（三）无法做集中的事件自动统计

这一问题涉及某台服务器的安全情况报表、所有机房发生攻击事件的频率报表、网络中利用次数最多的攻击方式报表、发生攻击事件的网段报表、服务器性能利用率最低的服务器列表等，需要管理员人为地对这些事件做统计记录，生成报告，从而耗费大量人力。

（四）缺乏有效的事件处理

查询没有对事件处理的整个过程做跟踪记录，信息部门主管不了解哪些管理员对该事件进行了处理，对处理过程和结果也没有做记录，使得处理的知识和经验不能得到共享，导致下次再发生类似事件时，处理效率仍然比较低。

（五）缺乏专业的安全技能

管理员发现问题后，往往因为缺乏安全知识导致事件迟迟不能被处理，从而影响网络的安全性，并且延误网络的正常使用。

第二节　计算机网络安全威胁

安全威胁是指某个人、物、事件或概念对某一资源的机密性、完整性、可用性或合法性造成的危害。某种攻击就是某种威胁的具体实现。安全威胁可分为故意（如黑客渗透）和偶然（如信息被发往错误的地址）两类。故意威胁又可进一步分为被动攻击和主动攻击两类。

一、安全威胁

对于计算机或网络安全性的威胁，即安全攻击，一般是通过在提供信息时查看计算机系统的功能来记录其特性的，可分为中断、截获、篡改、伪造。中断，是指系统资源遭到破坏或变得不能使用，这是对可用性的攻击。例如对一些硬件进行破坏、切断通信线路或禁用文件管理系统。截获，是指未授权的实体得到了资源的访问权，这是对保密性的攻击。未授权实体可能是一个人、一个程序或一台计算机。篡改，是指未授权的实体不仅得到了访问权，而且还篡改了资源，这是对完整性的攻击。伪造，是指未授权的实体向系统中插入伪造的对象，这是对真实性的攻击[①]。

（一）被动攻击与主动攻击

上面提到的攻击类型可以分为被动攻击和主动攻击两种。第一，被动攻击的特点是偷听或监视传送，其目的是获取正在传送的消息。被动攻击有泄露信息内容和通信量分析等形式。可泄露的信息内容容易理解，包括电话对话、电子邮件消息以及可能含有敏感的机密信息。要防止对手从传送中获得这些内容，我们用某种方法将信息内容隐藏起来，常用的技术是加密，这样即使对手捕获了消息，也不能从中提取信息。对手可以确定位置和通信主机的身份，可以观察交换消息的频率和长度，这些信息可以帮助对手猜测正在进行的通信的特性。第二，主动攻击涉及修改数据或创建错误的数据流，它包括假冒、重放、修改消息、拒绝服务等。假冒，是指一个实体假装成另一个实体。假冒攻击通常包括一种其他形式的主动攻击。重放涉及被动捕获数据单元及其后来的重新传送，以产生未经授权的效果。修改消息意味着改变了真实消息的部分内容，或将消息延迟或重新排序，导致未授权的操作。拒绝服务，是指禁止对通信工具的正常使用或管理，这种攻击拥有特定的目标；另一种拒绝服务的形式是整个网络的中断，可以通过使网络失效而实现，或通过消息过载使网络性能降低。主动攻击具有与被动攻击相反的特点。虽然很难检测出被动攻击，但可以采取措施防止它的成功。相反，很难绝对预防主动攻击，因为这样需要随时对所有的通信工具和路径进行完全保护。防

① 朱超军．网络安全与网络行为研究 [M]. 北京：北京理工大学出版社，2019.

止主动攻击的做法是对攻击进行检测，并从它引起的中断或延迟中恢复过来。因为检测具有威慑的效果，也可以起到预防作用。

（二）服务攻击与非服务攻击

从网络高层协议的角度，攻击方法可以概括地分为两大类。

1. 服务攻击（Application Dependent Attack）

服务攻击是针对某种特定网络服务的攻击，如针对 E-Mail 服务、Telnet、FTP、HTTP 等服务的专门攻击。目前因特网应用协议集（主要是 TCP/IP 协议集）缺乏认证、保密措施，是造成服务攻击的重要原因。现在有很多具体的攻击工具，如 Mail Bomb（邮件炸弹），可以很容易地实施对某项服务的攻击。

2. 非服务攻击（Application Independent Attack）

非服务攻击不针对某项具体的应用服务，而是基于网络层等低层协议而进行的攻击。TCP/IP 协议（尤其是 IPv4）自身的安全机制存在缺陷，从而为攻击者提供了方便。与服务攻击相比，非服务攻击往往利用协议或操作系统实现协议时的漏洞来达到攻击的目的，其更为隐蔽。而且目前非服务攻击也是常常被忽略的一个方面，因而被认为是一种更为有效的且更具危险性的攻击手段。

二、基本的威胁

网络安全的基本目标是实现信息的机密性、完整性、可用性和合法性。以下四个基本的安全威胁直接反映了这四个安全目标。

（一）信息泄露或丢失

信息泄露或丢失，是指敏感数据在有意或无意中被泄露或丢失，通常包括信息在传输中泄露或丢失、信息在存储介质中泄露或丢失、通过建立隐蔽通道等窃取敏感信息。

（二）破坏数据完整性

破坏数据完整性，是指以非法手段窃得对数据的使用权，删除、修改、插入或重发某些重要信息，以取得有益于攻击者的响应；恶意添加、修改数据，以干扰用户的正常使用。

（三）拒绝服务攻击

这一威胁主要是不断地对网络服务系统进行干扰，改变其正常的作业流程，执行无关程序使系统响应减慢甚至瘫痪，影响用户的正常使用，甚至使合法用户被排斥而不能进入计算机网络系统或不能得到相应的服务。

（四）非授权访问

没有预先经过同意就使用网络或计算机资源，被看作非授权访问。如有意避开系统访问控制机制，对网络设备及资源进行非正常使用，或擅自扩大权限，越权访问信息。它主要有假冒身份攻击、非法用户进入网络系统进行违法操作、合法用户以未授权方式进行操作等几种形式。

三、主要可实现的威胁

这些威胁可以使基本威胁成为可能，所以十分重要。它包括两类，即渗入威胁和植入威胁。

（一）渗入威胁的几种形式

主要的渗入威胁有：假冒、旁路控制、授权侵犯。假冒，是大多数黑客采用的攻击方法。某个未授权实体使守卫者相信它是一个合法的实体，从而攫取该合法用户的特权。旁路控制，攻击者通过各种手段发现本应保密却又暴露出来的一些系统特征，利用这些特征，攻击者绕过防线守卫者渗入系统内部。授权侵犯，也称为内部威胁，授权用户将其权限用于其他未授权的目的。

（二）植入威胁的主要形式

主要的植入威胁有特洛伊木马、后门。

1. 特洛伊木马

攻击者在正常的软件中隐藏一段用于其他目的的程序，这段隐藏的程序常常以安全攻击作为其最终目标。

2. 后门

后门是在某个系统或某个文件中设置的“机关”，当提供特定的输入数据时允许违反安全策略。

四、病毒

病毒是能够通过修改其他程序而“感染”它们的一种程序，修改后的程序里包含了病毒程序的一个副本，这样就能够继续感染其他程序。编制或者在计算机程序中插入的破坏计算机的功能或者破坏数据，影响计算机的使用并且能够自我复制的一组计算机指令或者程序代码被称为计算机病毒（Computer Virus）。计算机病毒具有破坏性、复制性和传染性。

通过网络传播计算机病毒，其破坏性大大高于单机系统，使用户很难防范。由于在网络环境下，计算机病毒有不可估量的威胁性和破坏力，因此计算机病毒的防范是网络安全性建设的重要内容。网络防病毒技术包括预防病毒、检测病毒和清除病毒三种技术。

（一）预防病毒技术

预防病毒技术通过自身常驻系统内存，优先获得系统的控制权，来监视和判断系统中是否有病毒存在，进而防止计算机病毒进入计算机系统并对系统进行破坏。这类技术有加密可执行程序、引导区保护、系统监控与读写控制（如防病毒卡等）。

（二）检测病毒技术

检测病毒技术是通过对计算机病毒的特征来进行判断的技术，如自身校验关键字、文件长度的变化等。

（三）清除病毒技术

清除病毒技术通过对计算机病毒进行分析，开发出能删除病毒程序并恢复源文件的软件。网络防病毒技术的具体实现方法包括：对网络服务器中的文件进行频繁的扫描和监测、在工作站上用防病毒芯片、对网络目录及文件设置访问权限，等等。

第三节　影响网络安全的因素

一、计算机系统因素

计算机系统的脆弱性主要来自操作系统的不安全性。在网络环境下，还来源于通信协议的不安全性。就安全等级而言，全世界达到 B3 级别的操作系统只有一两个，达到 A1 级别的操作系统目前还没有。虽然 Windows XP、Windows Server 2003 和 Linux 操作系统达到了 C2 级别，但仍然存在着许多安全漏洞。每一个计算机系统都存在超级用户（如 Linux 中的 root、Windows Server 中的 Administrator），如果入侵者得到了超级用户口令，整个系统将完全受控于入侵者。现在，人们正在研究一种新型的操作系统，在这种操作系统中没有超级用户，也就不会有由超级用户带来的问题。现在很多系统都使用静态口令来保护系统，但口令还是有很大的破解可能性，而且不完善的口令维护制度会导致口令被人盗用，口令丢失也就意味着安全系统的全面崩溃。世界上没有能长久运行的计算机，计算机可能会因硬件或软件的故障而停止运转，或被入侵者利用而造成损失。硬盘故障、电源故障和芯片、主板故障都是人们应考虑的硬件故障问题，软件故障则可能出现在操作系统中，也可能出现在应用软件中①。

二、操作系统因素

操作系统是计算机重要的系统软件，它控制和管理计算机所有的软硬件资源。由于操作系统的重要地位，攻击者常常以操作系统为主要攻击目标。入侵者所做的一切，也大多是围绕着这个中心目标展开的。首先，无论哪一种操作系统，其体系结构本身就是一种不安全的因素。由于操作系统的程序是可以动态链接的，包括 I/O 的驱动程序与系统服务都可以用打补丁的方法升级和进行动态链接。该产品的厂商可以使用这种方法，黑客成员也可以利用这种动态链接方法。这正是计算机病毒产生的温床。操作系统支持的程序动态链接与数据动态交换是现代系统集成和系统扩展的必备功能，因此这是相互矛盾的两个方面。其次，操作系统可以创建进程，即使在网络的节点上同样也可以进行远程进程的创建与激活。更重要的是，被创建的进程具有可以继续创建进程的权利。这一点加上操作系统支持在网络上传输文件和加载程序，二者结合起来就构成可以在远端服务器上安装"间谍"软件的条件。如果把这种"间谍"软件以打补丁的方式植入合法用户的程序中，尤其是植入特权用户的程序中，那么系统进程与作业监视程序就根本监测不到"间谍"的存在。操作系统中，通常都有一些守护进程，这种软件实际上是一些系统进程，它们总是等待一些机会的出现。一旦有条件，程序就可以运行下去。这些软件常常被黑客利用，问题不在于有没有这些守护进程，而在于它们在 Linux、Windows 操作系统中具有与其他操作系统核心层软件同等的权限。最后，网络操作系统提供的远程过程调用（RPC）服务以及它所安排的无口令入口也是黑客出入的通道。操作系统都提供远程进程调用服务，而它们提供的安全验证功

① 陆舜．浅析影响网络安全的主要因素及防护技术 [J]. 黑龙江科技信息，2016（30）：203.

能却很有限。

操作系统有 Debug（调试）和 Wizard（向导）功能。许多黑客精通这些功能，利用这些技术，他们几乎可以为所欲为。操作系统提供的口令入口是为系统开发人员提供的便捷入口，但也经常被黑客所利用。操作系统还提供了隐蔽的通道。这种系统不但复杂，而且还存在一定的内在危险，危险之一就是授权进程或用户的访问权限可能导致用户得到限定之外的访问权力。

三、人为因素

所有的网络系统都离不开人的管理，但大多数情况下又缺少安全管理员，特别是高素质的网络管理员。人为的无意失误是造成网络不安全的重要原因。网络管理员在这方面不但肩负重任，还面临着越来越大的压力，考虑稍有不周，在安全方面配置不当，就会造成安全漏洞。另外，用户安全意识不强，不按照安全规定操作，如口令选择不慎，将自己的账户随意转借他人或与别人共享，都会给网络安全带来威胁。

第四节　计算机网络安全技术

如今，高速发展的互联网已经深入社会生活的各个方面。对个人而言，互联网已使人们的生活方式发生了翻天覆地的变化；对企业而言，互联网改变了企业传统的营销方式及内部管理机制。但是，在享受信息的高度网络化带来的种种便利时，还必须应对随之而来的信息安全方面的种种挑战。因为没有安全保障的网络可以说是一座空中楼阁，安全性已逐渐成为网络建设的第一要素。特别是随着网络规模的逐渐增大，所存储的数据逐渐增多，使用者要想确保自己的资源不受到非法的访问与篡改，就要用到访问控制机制，这就必须要掌握一些相关的网络安全技术。加密将防止数据被查看或修改，并在不安全的信道上提供安全的通信信道。加密的功能是将明文通过某种算法转换成一段无法识别的密文。在古老的加密方法中，加密的算法和加密的密钥都必须保密，否则就会被攻击者破译。例如古人将一段羊皮条缠绕在一根圆木上，然后在其上写下要传送的书信内容，展开羊皮条后，这些书信内容将变成一堆杂乱的图文，那么这种将羊皮条缠绕在圆木上的做法可视为加密算法，而圆木棍的粗细、皮条的缠绕方向就是密钥。在现代加密体系中，算法的私密性已经不再需要，信息的安全依赖于密钥的保密性。数字认证技术泛指使用现代计算机技术和网络技术进行的认证技术。数字认证的引入对社会的发展和进步有很大帮助，可以减少运营成本和管理费用，同时可以减少金融领域中的多重现金处理和现金欺诈。随着现代网络技术和计算机技术的发展，数字欺诈的现象越来越普遍，比如用户名下的文件和资金传输可能会被伪造或更改。数字认证提供了一种机制，使用户能证明其发出信息来源的正确性和发出信息的完整性。数字认证的另一个主要作用是操作系统可以通过它来实现对资源的访问控制。

一、防火墙

防火墙是通过计算机硬件和软件的组合，使互联网与内部网之间建立起一个安全网关（Security Gateway），从而保护内部网免受非法用户的侵入。它其实就是一个把互联网与内部网（通常为局域网或城域网）隔开的屏障。防火墙作为最早出现并且使用量最大的安全产品，受到了用户和研发机构的青睐。以往在没有防火墙时，局域网内部的每个节点都会暴露给因特网上的其他主机，此时局域网的安全性要由每个节点的坚固程度来决定，并且安全性等同于其中最弱的节点。而防火墙是放置在局域网与外部网之间的一个隔离设备，它可以识别并屏蔽非法请求，有效地防止跨越权限的数据访问。防火墙将局域网的安全性统一于它本身，网络安全性在防火墙系统上得到加固，而不是分布在内部网络的所有节点上，这就简化了局域网的安全管理。防火墙是由软件、硬件构成的系统，用来在两个网络之间实施接入控制策略。接入控制策略是由使用防火墙的单位自行制定的，最满足本单位的需要。防火墙内的网络称为“可信赖的网络”（Trusted Network），而将外部的因特网称为“不可信赖的网络”（Untrusted Network）。设立防火墙的目的是保护内部网络不受外部网络的攻击，以及防止内部网络的用户向外泄密，从而解决内联网和外联网的安全问题[①]。

① 李强 . 网络安全技术与实践 [M]. 北京：北京邮电大学出版社，2018.

二、入侵检测

（一）入侵检测的概念

传统上一般将防火墙作为系统安全的第一道屏障，但是随着网络技术的高速发展、攻击者技术的日趋成熟以及攻击手法的日趋多样，单纯的防火墙已经不能很好地完成安全防护工作。入侵检测技术是继“防火墙”“数据加密”等传统安全保护措施之后新一代的安全保障技术。入侵（Intrusion），是指试图破坏计算机保密性、完整性、可用性或可控性的一系列活动。入侵活动包括非授权用户试图存取数据、处理数据或者妨碍计算机的正常运行。入侵检测（Intrusion Detection）是对入侵行为的检测，它通过收集和分析计算机网络或计算机系统中若干关键点的信息，检查网络或系统中是否存在违反安全策略的行为和被攻击的迹象。入侵检测是一种积极、主动的安全防护技术，提供了对内部攻击、外部攻击和误操作的实时保护，在网络系统受到危害之前响应入侵并进行拦截。

（二）入侵检测的分类

1. 从技术上分类

从技术上划分，入侵检测有异常检测模型和误用检测模型两种检测模型。

（1）异常检测模型（Anomaly Detection）

检测与可接受行为之间的偏差。如果可以定义每项可接受的行为，那么每项不可接受的行为就应该是入侵。首先总结正常操作应该具有的特征（用户轮廓），当用户活动与正常行为有重大偏离时即认为是入侵。这种检测模型漏报率低、误报率高，因为它不需要对每种入侵行为进行定义，所以能有效地检测未知的入侵。

（2）误用检测模型（Misuse Detection）

检测与已知的不可接受行为之间的匹配程度。如果可以定义所有的不可接受行为，那么每种能够与之匹配的行为都会引起报警。收集非正常操作的行为特征，建立相关的特征库，当监测的用户或系统行为与库中的记录相匹配时，系统就会认为这种行为是入侵。这种检测模型误报率低、漏报率高。对于已知的攻击，它可以详细、准确地报告出攻击类型。但是对未知攻击却效果有限，而且特征库必须不断更新。

2. 按照检测对象分类

按照检测对象划分，入侵检测有基于主机、基于网络和混合型三种模型。

（1）基于主机的入侵检测系统

系统分析的数据是计算机操作系统的事件日志，应用程序的事件日志，系统调用、端口调用和安全审计记录。主机型入侵检测系统保护的一般是所在的主机系统，是由代理（Agent）来实现的。代理是运行在目标主机上的短小的可执行程序，它们与命令控制台（Console）通信。

（2）基于网络的入侵检测系统

系统分析的数据是网络上的数据包。网络型入侵检测系统担负着保护整个网段的任务，基于网络的入侵检测系统由遍及网络的传感器（Sensor）组成。传感器是一台将以太网卡置于混杂模式的计算机，用于嗅探网络上的数据包。

（3）混合型入侵检测系统

基于网络和基于主机的入侵检测系统都有不足之处，会造成防御体系的不全面，而综合了基于网络和基于主机的混合型入侵检测系统既可以发现网络中的攻击信息，也可以从系统日志中发现异常情况。

三、计算机病毒防治

计算机病毒是一种在计算机系统运行过程中能将自身精确复制或有修改地复制到其他程序内的程序。它隐藏在计算机数据资源中，利用系统资源进行繁殖，并破坏或干扰计算机系统的正常运行。

杀毒软件是见得最多、应用最为普遍的安全技术方案，因为这种技术实现起来最为简单。但杀毒软件的主要功能就是杀毒，功能十分有限，不能完全满足网络安全的需要。这种方式对于个人用户或小企业来说或许还能满足需要，但如果个人或企业有电子商务方面的需求，就不能完全满足了。可喜的是，随着杀毒软件技术的不断发展，现在的主流杀毒软件同时还可以预防木马及其他的一些黑客程序的入侵。还有的杀毒软件开发商同时提供了软件防火墙，具有一定的防火墙功能，在一定程度上能起到硬件防火墙的功效，如 KV3000、金山防火墙、Norton 防火墙等。

第二章　云计算基础

第一节　云计算概念

云计算不知不觉已经出现在了我们身边。如我们每天使用的搜索工具Google、百度、雅虎就是一种云计算模式；我们使用的 Web 电子邮件，也是一种云计算模式；我们在淘宝、亚马逊购买书籍、衣服、化妆品、电子产品等也是在云计算支持的模式下完成的；我们使用 Google 的在线文档编辑、使用微软的 Windows Live 在线相片管理、使用腾讯的 WebQQ 在线应用等，这一切都是通过浏览器访问这些文件完成的，而我们不需要担心计算机硬件发生故障而丢失资料。作为用户，我们不需要下载安装任何软件，只需要一个浏览器就足够了。上述这些功能足够说明了云计算已经进入了我们的生活、学习、工作之中，并且云计算正悄无声息地影响着我们的生活方式[①]。

一、云计算概述

（一）云计算的含义

云计算就是一种商业计算模式。它将计算任务分布在大量计算机构成的资源池上，以满足不同用户的需求，用户根据自己的需要选择不同的服务，按需付费。用户不需要搞清楚计算所需要的硬件、软件、数据的存储，而只需要选择服务。

云计算也是一种基于因特网的超级计算模式。在远程的数据中心，成千上万的计算机、服务器、存储器连成一片电脑云，其计算能力是超强的，可以体验每秒 10 万亿次的运算能力，可以模拟核爆炸、预测天气预报以及市场发展的趋势，用户可以通过终端设备及因特网接入数据中心，选择自己需要的服务。

云计算中的“云”指的是提供资源的虚拟计算资源，它可大可小，就跟天上的云一样可以无限扩展或收缩，可以动态为用户提供资源，并且能随时获取，用

① 裴向东，王升辉，郭卫卫 . 云计算 [M]. 西安：西北工业大学出版社，2020.

户只要按需付费就行了。

虚拟计算资源通常指的是一些大型的服务器集群，包括计算服务器、存储服务器、通信资源、带宽资源、软件资源、平台资源等，把这些资源集中起来，通过专业的软件来实现对这些资源的自动管理，管理者无须为一些烦琐的细节而烦恼，能够更加专注于自己的业务，以提高效率、降低成本以及创新技术。

（二）云计算的由来

云计算的出现并不是偶然的，早在 20 世纪 60 年代，就有人提出把计算能力作为一种像水、电和天然气一样的公用事业提供给用户的理念，这就是云计算最早的思想起源。

2007 年，Google 公司首次提出了云计算理念，同年 10 月，Google 公司与 IBM 公司开始在美国大学校园（包括麻省理工学院、斯坦福大学等）一起推广云计算计划，这项技术的目的是降低分布式计算的研发成本，Google 公司和 IBM 公司为这项计划提供了软硬件设备和技术支持。

2008 年，Google 公司宣布在我国台湾启动“云计算学术计划”，与台湾大学、交通大学合作，将云计算技术推向校园。IBM 公司紧接着推出了“蓝云计划”，并将云计算这个概念成功推向了市场。2008 年 2 月，IBM 公司在我国的无锡太湖为中国的软件公司创建了第一个云计算中心（Cloud Computing Center）。2008 年 7 月，雅虎、惠普、英特尔推出了云计算研究测试联合研究计划，该计划与合作伙伴创建了 6 个数据中心作为云计算的研究试验平台，每个数据中心将配置 1400 ~ 4000 个处理器，进一步地推动了云计算的发展。之后，云计算受到了众多 IT 厂商的关注，亚马逊、微软、惠普等众多 IT 巨头也加入了云计算大军中，云计算迎来了发展的起飞阶段。

另外，当前 IT 部门面临着的很多挑战，如资源管理无序导致其资源的利用率很低等现状，也极大地促进了云计算的发展。

目前 IT 部门面临着各种挑战，例如越来越多的资源（高达 85%）被闲置，直接导致资源的浪费；IT 部门的管理和维护的成本也越来越高，其中 1 元钱中有 0.7 元的费用将用于管理和维护，特别是电费成本越来越高，剩下的仅有的 0.3 元一般都会被用于增加新容量；在互联网行业和云计算行业蓬勃发展的背景下，大数据越来越受到人们的关注，信息爆炸式的增长使得存储的数据量每年以 54% 的速度在增长，如何存储这些大数据是现在迫切需要解决的问题；消费品和零售行业每年因为供应链的问题直接导致它们丧失 3.5% 的营业额，相当于 400 亿美元的金额；33% 的消费者会因为企业的信息安全问题终止与该企业进行联系等。这一系列问题都是目前 IT 业发展面临的问题，此时 IT 业者应该换一种方式来思考基础架构的问题了。

当前企业级的数据中心面临的挑战：企业级数据中心体系庞大，结构复杂，系统维护和管理难度很大；IT 企业成本很高，资源占用多，负载均衡差，表现特别突出的是配置资源按谷峰值的方式进行配置，这样直接导致了资源被大量浪费；系统的稳定性、可靠性比较低，采用以人工服务为主的方式不能动态地进行资源配置，导致的后果就是高成本、低满意度；IT 的传统部署模式不适合现在多种多样的业务部署，其部署的速度也很慢。据统计，在传统的 IT 模式下，部署一个新的业务需要 2 个月的时间，从效率上来说是不能满足企业需求的。

（三）云计算的特点

1. 资源池

云计算将它的计算资源汇集在一起并部署成各种不同的应用供用户使用，用户按需付费即可。

2. 按需、自动服务

用户可以根据自己的需求，通过因特网申请服务、调研。当用户不用或不需要服务时，服务商可以及时进行资源的回收以及重新配置。

3. 快速弹性

快速弹性表现在可以动态伸缩，满足应用和用户的变化需求。服务商可以根据访问用户的多少，增减 IT 资源（包括 CPU、存储、宽带和软件应用等），从而可以快速并弹性地为用户提供不同的服务。

4. 超大规模

云计算具有超大规模，Google 的数据中心已经有 100 多万台服务器，亚马逊、IBM 等公司的云计算服务中心均有十几万台服务器，“云”在这些超大集群中才能提供超强的计算能力。

5. 虚拟化

通过虚拟技术，云计算使这些硬件设备形成资源池并部署在不同的物理服务器中，用户使用云服务无须了解这些服务具体到哪一台物理设备上，因为它们都来自“云”。

6. 高可靠性

云计算采用多副本的容错机制来保证数据的高可靠性。

7. 价格低廉

“云”的规模是超大的，通过自动管理使得它的运维成本很低，因此在为用户提供服务时，价格也是低廉的。

8. 安全性高

云计算提供了安全性极高的数据存储中心。

二、云服务

云计算服务即云服务，云服务是一种商业模式，它提供了丰富的个性化产品，以满足市场上不同用户的个性化需求。云服务可以为不同的用户提供不同类型的服务，这些用户包括政府用户、企业用户、普通用户等，他们需求的服务是各不相同的。政府用户关心办公效率、节约信息化成本并帮助其进行管理创新和服务转型，企业用户关心数据安全、数据存储以及部署快捷，普通用户关心服务的整合、使用方便。

（一）云服务按应用方式分类

云服务提供商为大、中、小型企业搭建信息化所需要的网络基础设施、硬件运行平台、软件平台（包括其实施、后期、维护的一系列过程）。对企业而言不需要硬件、软件、维护，只需要选择所需要的服务、为选择的服务付费即可。对用户来说就这么简单，买服务然后付款。

云服务按应用方式可以分为架构即服务（IaaS）、云平台应用服务（PaaS）、软件即服务（SaaS）等服务。

IaaS 服务：IaaS 服务是指云计算模式将 IT 基础设施也就是 IT 硬件资源和操作系统虚拟化封装成服务供用户使用。把虚拟化的资源做成资源池，然后把资源池的多种资源组装成虚拟机提供给 IT 应用。如亚马逊的 AWS 弹性计算云 EC2 和简单存储服务 S3。在 IaaS 中为用户提供虚拟机，这个虚拟机的资源包括 CPU、内存、硬盘、存储、网络等，用户相当于使用裸机和磁盘，可以运行不同的操作系统，可以做任何想做的事情。同时，IaaS 负责虚拟机的供应过程、运行状态的监控和计量等工作。

当运行的 IaaS 的服务器的规模达到几十万台的时候，用户可以申请的资源几乎是无限的，IaaS 面向用户可以是公共的，因此它具有更高的资源利用率。

PaaS 服务：PaaS 服务给用户提供了应用程序的运行环境，它一般指的就是中间件平台。对应用平台（如 J2EE、BPM、ESB、Portal Server 等）抽象，进行平台虚拟化，再把应用平台作为一个资源池进行管理分配，形成共享平台或是应用平台资源池。典型的如 Google App Engine、微软的云操作系统 Microsoft Windows Azure。

SaaS 服务：SaaS 服务将特定的应用软件功能封装成服务，它是专门为某些用途的服务而调用的。SaaS 服务不像 PaaS 服务一样提供计算或存储类的服务，也不像 IaaS 一样提供虚拟机服务，它提供的是应用软件方面的服务。典型的如 Salesforce 公司提供的在线客户关系管理 CRM 服务。

PaaS 服务与 IaaS 服务的对比。IaaS 虽然帮助我们构建了一个虚拟的硬件平台，节省了底层基础架构的建设和运维成本，但是仍然给我们遗留了大量的工作，包括：在租用虚拟机上的选择和部署中间件问题，配置中间件拓扑结构问题，各种中间件之间的集成问题，安装应用，后期的管理、配置、维护中间件平台和应用等问题。

PaaS 相对于 IaaS 服务而言，可以进一步提供如下的能力：一个完整的、开箱即用的中间平台；自动化的中间产品维护和服务质量的管理；基于 IaaS 抽象层可以兼容不同基础架构；只需关注应用本身，不需关注中间件的细节。

（二）云计算按部署分类

云计算按部署来分，可以分为公有云、私有云和混合云。

公有云指的是第三方提供商为用户提供的云服务，用户只需要通过因特网方式就能使用它，公有云一般是价格低廉或免费的。公有云是云计算的主要形态，目前在国内市场发展得很好，主要形式：政府主导的地方云计算平台，如重庆的在岸、离岸数据中心，北京的“祥云”计划等；传统的电信基础设施运营商，如电信、移动、联通等；互联网巨头公有云平台，如盛大云、腾讯云等；原有的 IDC 运营商，如世纪互联等；引进国外的云计算技术的国内企业，如风起亚洲云。2019 年，我国向美方提出允许国外云计算服务提供商开展试点业务的提议。我国考虑在自由贸易区开展“云计算试点”，向外国公司开放云计算市场。

私有云是针对企业用户或个人用户单独使用的。它对数据的安全性和隔离性要求很高。企业一般有自己的基础设施，部署和配置企业内部需要的应用程序。私有云一般部署在企业的防火墙内，企业内部使用私有云时，网络一般稳定、快速。

混合云既包括公有云，也包括私有云。它提供的服务可以供别人使用，也可以供自己使用，但混合云的部署方式对提供者要求很高。

目前，云应用和云服务的种类还在不断丰富。除了主流的 PaaS、SaaS、IaaS 服务外，云计算服务种类还将不断扩展。租用邮箱、在线杀毒、网络会议、Office 在线等应用是目前用户使用得最多的应用。在 SaaS 应用服务这块，其应用服务将分工得越来越细，新的产品将很快面世。

第二节　云计算的实现机制

从技术角度来说，云计算本身并不是一种新的技术，它更接近于现有技术的重新组合，它关注的是最终用户以及用户的体验，是一种商业模式。云计算的实现需要三大基石：虚拟化、标准化、自动化。构建在这三大基础之上的云计算才能提供高效、稳定、可靠的服务。

一、云计算的基本原理

实现云计算的基本原理：在大量的分布式计算机集群上，通过虚拟化技术使这些硬件基础设施形成集群，实现不同的资源池（如存储资源池、网络资源池、计算机资源池、数据资源池和软件资源池），对这些资源池实现自动管理，部署成不同的服务供用户使用。用户根据需求选择应用，这使得企业能够将资源切换成需要的应用，用户根据需求访问计算机和存储系统。将这种计算能力作为一种商品进行流通，形成按需使用、按需付费的商业模式[①]。

二、云计算的构成

从行业的产业链角度来说，云计算的发展离不开它的产业链。在政府的监管下，云计算的服务提供商，软件服务提供商，硬件服务提供商，网络基础设施服务商以及云计算咨询、规划、运维、集成服务商，云计算终端设备厂商构成了云计算的生态链，能为政府、企业、一般用户提供服务，在这中间，政府履行规则的制定和运行的监管等职责。

一般情况下，人们把云计算分为 IaaS、PaaS 和 SaaS 三种类型。各个厂商没

① 张华龙 . 计算机云计算及其实现技术分析 [J]. 数码世界，2017（12）：397.

有统一的标准，不同的厂商又提供了不同的解决方案，直接导致了用户在选择解决方案时的困惑每一种解决方案或许只能解决其中一项功能，或部分功能还没有概括进来。因此，有必要根据目前不同厂家解决方案的特征，对云计算的主要功能进行归纳总结，提供一个可供参考的模型。

云计算的体系结构分为四层：物理资源、资源池、管理中间件、SOA 架构层。其中，物理资源主要包括硬件产品（如计算机、存储器、网络设备）、数据库和软件等。资源池是由物理硬件集群构成的同构或异构的资源池，主要包括计算资源池、存储资源池、网络资源池和数据资源池以及软件资源池等。管理中间件负责资源管理、任务管理和用户管理。SOA 架构层将云计算的应用封装成网页服务。

物理资源的主要功能是物理资源的集群和管理，如集装箱服务器，在一个标准的集装箱里放 2000 台服务器，包括它的散热系统和节点故障管理系统。

资源池的主要功能是通过虚拟化技术将物理资源构建成同构或异构的资源池。

管理中间件层主要负责资源管理、任务调度、用户管理和安全管理等。其中，资源管理的主要任务是自动调整资源的负载均衡、故障检测、恢复故障以及对资源运行进行监视统计。任务调度主要包括完成任务映射的部署和管理，任务调度、执行以及生命周期管理等。用户管理主要负责账户管理、用户环境配置、用户交互管理、用户使用计费。安全管理主要包括身份认证安全、访问权限设置、综合防护以及安全审计。管理中间层中的这些工作主要由中间件软件完成，目前中间件比较流行的软件有 WebLogic、Sphere 等。

SOA 架构层主要的功能是将云计算的各种应用封装成 web 服务的形式。通过 web 接口用户可以选择需要的服务。它的主要内容包括服务接口、服务注册、服务查询、服务访问以及工作流等。

第三节　云计算与数据中心

企业的数据中心（Data Center），是指在企业或机构内部之间实现信息集中管理和共享，并为企业内部或机构之间提供信息服务与决策的信息平台。数据中心可以是一个建筑物或者建筑物的一部分，它实现了数据信息的集中处理（包括数据的传输、存储、交换和管理），并且拥有完善的设备（包括通信设备、带宽接入、高性能的局域网、安全可靠的机房环境）。

目前，企业、院校、研究机构、大型超市、政府部门或者联合机构等都设立了自己的数据中心，它们几乎遍布了地球各个区域，只是名称有所不同而已。例如计算机中心、网络中心、信息中心、数据中心。根据企业规模，数据中心的规模也是可大可小的。

在我国，企业数据中心（Enterprise Data Center，EDC）包含计算机设备、服务器设备、网络设备、通信设备以及存储设备等关键设备。企业构建数据中心的目的主要是为企业内部、合作伙伴以及客户提供支撑信息的平台，以处理数据和访问数据。

一、数据中心的分类

在我国，根据规模差异，可将数据中心分为 A、B、C 三级。其中，A 级数据中心为容错型，主要是为了满足系统在运行期间不会因为操作失误、维护、故障检修等导致系统运行中断；B 级为冗余型，主要是为了满足系统在运行期间、在冗余范围内不因设备故障等导致系统运行中断；C 级为基本型，在场地和设备正常的情况下，能保证系统正常运行[①]。

二、数据中心的结构

数据中心是信息高级发展阶段的核心工程，它的构建是十分复杂和艰巨的。它的结构主要包括基础设施层、信息资源层、应用支撑层、应用层和支撑体系。

基础设施层是支撑整个系统的底层，主要包括机房、主机、服务器、网络设备、存储服务器、带宽接口、各种硬件和系统软件。

信息资源层中包含数据中心中所有的数据，包括数据库、数据仓库等。它负责整个数据中信息的存储和规划。

应用支撑层主要负责应用层中需要的各种组件，也包括第三方组件。

应用层主要包括数据中心定制开发的应用系统，包括数据服务类应用、管理运维类应用、标准建设类应用以及建设类应用。服务于不同对象企业的内部和外部的信息系统，如办公系统、邮件系统、门户网站等。

支撑体系主要包含标准规范体系、安全体系、数据容灾备份体系、运维管理

① 黄华，叶海．云计算数据中心运维管理 [M]. 北京：清华大学出版社，2021.

体系等。

三、云计算时代的数据中心

随着信息量爆炸式增长，要处理的数据也越来越多，大数据时代已经到来，原有的数据中心面临着挑战。主要包括：原有的数据中心体系复杂，管理维护难度大；资源按谷峰需求进行配置，导致资源占用多，很多时候资源都处于闲置状态，利用率低，造成了很大的浪费；系统的稳定性差，以人工服务为主，导致成本很高、解决问题的效率低；新兴的业务越来越多，而部署起来却很慢。云计算数据中心则可以解决传统数据中心面临的挑战。

（一）云计算数据中心

云计算数据中心与传统数据中心的区别：云计算数据中心采用虚拟化技术，可以使服务器工作更加饱满，基础设施工作更加饱满；云计算数据中心可以一直在高负荷状态下运行，并能保证其可靠性；云计算数据中心更加节能，主要表现为云数据中心负荷高、工作效率高、投入产出比高；云计算数据中心可以实现弹性自动负载均衡管理；对于云数据中心来说，某个服务器的维护、改建、迁移或停止不会对数据中心产生太大影响。总的来说，云计算数据中心最大的优势是更低的成本、更高的服务质量、更短的开发部署周期以及更便捷的运维管理，可以适应大数据时代要求。

（二）传统数据中心如何改造成云数据中心

在云计算时代，传统的数据中心正向着云计算演进，企业正在改造原有的数据中心或者新建数据中心。在改造或新建过程中，应该注意以下一些方面的问题。

传统的数据中心的云化改造。首先要从规划开始，在可靠性、可用性、可管理性以及效率投资等各项指标中进行综合平衡，确定基础架构的环境、安全等级、服务等级等，预算出合适的成本价格。

云数据中心改造是一个复杂和烦琐的过程，要实现数据中心的统一规划、统一模块化，分阶段进行，可循环使用，更好地满足不同用户的需求，最大限度地减少初期的一次性投入。云数据中心的安全性、自动性、资源的统筹以及运维能力等与数据中心的高效运营有着密切的关联。

云数据中心采用标准化和模块化的架构有助于实现数据中心的高可靠性、性能和易扩展性。

四、Google 数据中心介绍

下面介绍以 Google 数据中心为例的云数据中心的建设。全球超过 10 亿人在使用 Google 搜索引擎。Google 这个搜索引擎的速度快，搜索出的网页量庞大。Google 数据中心可将海量的数据信息存放在它的数据中心里面，而它的数据中心一直是业界着迷的对象，但其暴露的信息却很少。

Google 公司的数据中心拥有的服务器的数量达到了数百万台，每台服务器每小时用电量达到了 1000W。换句话说，Google 的搜索引擎每小时产生将近 1000 万个搜索结果，每小时的耗电量达到了 100 万 kW。根据美国环境保护局的保守估计，数据中心在美国能源消耗中的比重占到了 1.5%，如果美国人使用 Google 搜索的频率提高，这个比例还将继续上涨。

Google 的数据中心一般会选择人烟稀少、气候寒冷、水电资源丰富的地区。由于不同区域的电价差距明显，人为成本、场地成本各不相同，因此 Google 的数据中心不会选择人口稠密的大都市，而会选择比较偏远的地区。选择偏远地区会面临的一个挑战就是光纤问题，Google 会专门铺设光纤到这些数据中心，光纤的铺设远比将电力用高压输电线路引入城市容易得多。

以前 Google 对自己的数据中心还守口如瓶，但这几年情况有了微妙的变化，Google 公司公开了一些数据中心的照片。一般而言，当 Google 公司公开一项新的技术时，意味着 Google 公司已经掌握了更新的、更深层次的技术，并且 Google 公开的这些照片并没有揭露细节，不会向竞争对手透露出核心的技术。

目前 Google 的数据中心估算有 40 多个。Google 数据中心的选择标准主要参考下列这些参数：大量的廉价电力、可利用绿色能源和可再生能源、靠近河流或湖泊便于冷却、用地广阔、与其他数据中心的距离以及税收政策等。

Google 全球最大的数据中心：俄勒冈数据中心。该数据中心位于美国的俄勒冈州北部哥伦比亚河岸边，拥有 30 英亩的土地，拥有全球威力最强大的超级计算机，处理每天数十亿次搜寻和提供其他网络服务，是全球数据处理能力最强大的数据中心之一。在这个数据中心中有四个装备有巨大空调设施的仓库，存放着数万台服务器，它们每天处理几十亿条数据，并把这些信息传递给世界各个角落的用户。

虽然 Google 公司公开了一些数据中心的照片，但 Google 的核心关键技术目前还是保密的。Google 公司推翻了计算机界的传统做法，其数据中心的构建主要靠的是本身技术，因此 Google 公司的命运掌握在自己手中。

第四节　云计算的发展与优势

继个人计算机、互联网变革之后，云计算作为 IT 发展的第三次浪潮正向我们走来，它将根本性地改变人们的生活方式、生产方式以及商业模式，成为当今全球关注的热点。各个 IT 巨头公司纷纷加入云计算行业，制定了云计算发展战略，准备进军云计算市场。

一、我国云计算的发展历程

我国是在 2008 年引进云计算概念的，我国的云计算发展主要分三个阶段：准备期、起飞期和成熟期。目前云计算发展处于大规模爆发的前夜。2010 年 6 月，胡锦涛同志提出，互联网、云计算、物联网、知识服务、智能服务的快速发展为个性化制造和服务创新提供了有力工具和环境，把云计算的发展提到了战略发展位置[①]。

（一）准备阶段

这一阶段主要是技术储备和概念推广阶段，用户对云计算认知度很低，成功的案例也很少，商业模式和云计算的方案正在尝试中。

（二）起飞阶段

在这一阶段，产业模式高速发展，商业模式和行业生态环境越来越好，成功的商业模式逐渐丰富，用户对云计算的了解和认可程度在不断提高，越来越多的商家被强制进入云计算市场，出现了云计算的大量解决方案，用户可以根据自己的情况将业务融入云计算中，公有云、私有云、混合云齐头并进。

（三）成熟阶段

云计算的产业链、行业生态环境基本稳定，各厂商提供了比较成熟稳定的云

① 马宁 . 云计算关键技术 [M]. 成都：电子科技大学出版社，2017.

计算解决方案，市场上运行着很多 XaaS 产品，用户在云计算环境中运行比较良好，云计算成了 IT 的重要组成部分，成了国际一项基本设施。

二、我国云计算的产业链构成

从 2010 年开始，我国云计算应用市场的发展逐年加快，无论是“公有云”还是“私有云”，典型的案例也越来越多。大型的云计算中心正在加大力度建设。同时还有众多的 SaaS 服务、PaaS 服务投入了市场。在政府公有云项目的推动下，云计算迅速发展。

云计算的产业链也正在构建中，政府制定了行业规则。在政府的监管下，云计算的各种运营商（包括云计算解决方案供应商，云计算规划咨询服务商，云计算运维服务商等与硬件、软件、网络基础设施服务商，终端设备商，集成服务商等）一起构成了云计算生态产业链。

政府的角色以及作用：在云计算产业中，政府除了作为云计算的用户外，还在行业战略规划布局以及运行监控中发挥了重要的作用。政府是产业的规划者和布局者，从产业规模、从业人员、地域布局、产业生态建设等方面对产业进行合理规划和布局，并借助资金、技术、人才、土地等资源多方位调控，以推进云计算行业的发展。

三、主要的云计算项目

我国云产业发展的国家规划已获国务院批准，规划包括“中国云”产业的发展思路、重点任务、技术路线、支持体系等内容。权威机构预测，云计算有望成为继大型计算机、个人计算机、互联网之后的第三次 IT 产业革命。2010 年 10 月，国家发改委、工信部联合发布了《关于做好云计算服务创新发展试点示范工作的通知》，由国家发改委、财政部、工信部等部门一起批准国家专项资金支持云计算示范应用，设立 5 个云计算试点城市，遴选 12 个云计算重点项目，并对其给予规模高达 15 亿元的资金支持。

虽然云计算还处于国内各个企业学习阶段，但各个企业已经纷纷制定了云计算的战略方针，显示出了对云计算的关注和重视，国外很多 IT 巨头也开始纷纷抢占我国云计算发展热点区域，如惠普、IBM、亚马逊等企业。政府、企业、高校、研究机构都加入了云计算研究大军中，积极地推动着我国云计算产业的快速发展。

四、云计算的发展优势

在未来，云计算应用主要以电信、医疗、金融、石油化工，电力等行业为重点发展对象。目前市场上已经有了“健康云”“教育云”“交通云”“旅游云”等业务。在我国的市场中，云计算会被越来越多的企业和架构所采用，市场规模也在逐年扩张。

云计算的发展带动了整个产业链的发展，对我国 IT 产业的发展产生了重要影响，主要涉及包括基础架构（服务器、存储器、通信设备、网络设备等）、中间件、应用软件、操作系统、网络服务的规范、信息安全等在内的诸多领域，云计算将开创 IT 领域全新的应用前景。

对中小型企业而言，由于自己投入资金建立数据中心成本太高、回报率低，因此采用云计算的租用模式正好为中小型企业提供了比较合适的解决方案。对服务器、存储等硬件厂商和软件提供商而言，可以通过云计算这个平台，更好地将自己的产品进行推广以获得更多、更好的市场机会。云计算运营商们正在大力地、快速地部署云计算。如全国各地正在兴建的数据中心，由政府部门及旗下事业单位主导的超级数据中心将有望成为面向公众的云计算主营运营商，大型互联网公司、托管服务商、服务器提供商、存储器等硬件提供商、软件平台提供商等将成为最具有潜力的云计算运营商。

云计算作为新一代产业浪潮的重要驱动，将会为社会和经济的发展带来深远影响，其主要表现在如下几个方面：将推动中国信息技术设施的建设和信息化发展的进程；将促进构建更大规模的生态系统，推动 IT 产业的发展；促进提升科技创新能力；可以降低成本，有助于绿色 IT 发展和节能减排。

五、我国云计算产业发展的关键障碍

目前云计算发展的障碍体现在：用户的认知不足，标准缺失（各个提供商各自为政，没有统一的标准），数据主权的争议，对稳定性和可靠性的担忧。其中，受关注最多的问题就是标准和安全问题。

（一）云计算标准问题

云计算标准问题对云计算发展来说是至关重要的问题。如果没有一个统一的标准，云计算就难以得到规范发展，因而很难形成规模和产业集群。标准的制定包括技术标准和服务标准。其制定过程需要云计算产业链中的各个商家，以及起主导作用的政府部门、行业协会研究学者等坐下来共同商讨、制定。另外，云计算标准的制定还需要考虑与国际标准接轨的问题。只有在标准的指导下，云计算行业才能有序、持续发展。

（二）云计算安全问题

安全问题是关系着云计算能否被用户认可的关键因素。云计算的安全问题包括：缺乏统一的安全标准及法规，对用户隐私的保护问题，数据的主权问题，数据迁移问题，数据传输过程中的安全问题、数据灾备等。安全问题迫切需要解决，这样才能增强用户使用云计算的信心，让用户愿意将应用部署到云中，享受云计算带来的便捷。

第三章　网络体系结构

第一节　网络协议

建立计算机网络的主要目的是实现资源共享和数据传输，进一步实现分布式处理。数据传输是基础，实现资源共享和分布式处理都需要有数据传输的支持。因此，计算机网络的特点就是多计算机之间的协同配合与信息的相互交换。要在多计算机之间有条不紊地进行信息交换，必须制定一系列规则、标准或约定，参与通信的各方共同遵守、执行，从而保证网络通信正常进行。这些说明信息交换格式、信息交换方法和信息交换过程的规则、标准或约定的集合，统称为协议（Protocol）。协议是网络特有的产物，是网络赖以生存的保证手段。有网络，就有通信；有通信，就离不开协议。因此，协议在网络中占有非常重要的位置。

网络协议是由语义、语法和时序三要素组成的。

一、语义

语义规定了通信双方如何进行数据交换，包括需要发出何种控制信息、完成何种动作以及作出何种应答等。因此，语义部分由发出的命令请求、完成的动作和回送的响应集合组成，同时定义了用于协调同步和差错处理的控制信息等[①]。

二、语法

语法规定了通信双方进行信息交换时所采用的信息结构与格式，包括数据与控制的信息格式、编码及信号电平等。

三、时序

时序规定了通信过程中事件发生的顺序以及速度匹配和排序等。

计算机网络是一个庞大而复杂的系统，要保证网络通信能够有条不紊地进行，

① 秦科，娄春伟，张力，等．网络安全协议 [M]. 成都：电子科技大学出版社，2019.

就需要制定一系列协议。每种协议都是针对某个特定的目标和问题来设计的。例如文件传输协议（File Transfer Protocol，FTP）是为了实现文件传输而设计的协议，超文本传输协议（Hyper Text Transfer Protocol，HTTP）是为了浏览器与 Web 服务器之间进行网页浏览而设计的协议，等等。因此，在计算机网络中存在大量各种各样的协议。这些协议在网络的灵活性、差错控制、流量控制、同步机构、路由选择、安全保密、格式转换以及系统兼容性等方面作出了定性规定。

第二节　计算机网络的体系结构

计算机网络通信是一个非常复杂的过程，不可能用一个协议规定所有的通信细节。因此为了减少网络协议设计的复杂性，提高其可靠性、可用性和可维护性，网络设计采用了在工程设计中常用的结构化设计方法，即将复杂的通信问题划分为若干易于处理的子问题，然后为每一个子问题设计一个单独的协议。每个单独协议的设计、编码和测试都能够相对独立地去完成，这种“分而治之”的设计方法大大降低了计算机网络系统设计和实现的复杂性。

分层模型（Layering Model）就是一种用于开发网络协议的设计方法。在分层模型中，整个网络通信过程是按照层次方式来组织的，每层协议完成该层的一些特定功能。层与层之间是上下连接的关系，下层为上层提供服务，每一层在接受下一层提供服务的基础上实现本层的功能，再为上一层提供服务。服务是通过层间接口提供的，上层不必关心下层的内部结构与实现细节，只关心能够为上层提供什么样的服务，以及如何使用下层提供的服务来实现本层的功能等。

一、降低了网络通信设计的复杂性，易于实现

计算机网络是一个庞大而复杂的系统，将其通信过程划分为若干功能层次，使得整个系统的结构功能完整，层内功能具体、明确且相对独立，层间接口清晰，从而方便了设计，简化了系统实现[①]。

二、灵活性好，便于更新，易于维护

当某一层的内部结构发生了变化，或者实现技术和方法有新的突破时（如算

① 蔡京玫，宋文官．计算机网络基础 [M]. 北京：中国铁道出版社，2019.

法更新、新技术或产品出现等），只要上、下层之间的服务与接口关系保持不变，其上层与下层就不会受影响，系统具有良好的灵活性，便于更新，易于维护。

三、有利于交流和理解，促进了网络协议的标准化

由于每层的功能及所提供的服务都已有了明确定义和说明，因此有利于不同系统之间的交流和理解，满足了网络协议标准化的要求，进一步促进了网络协议的标准化。

计算机网络分层模型中的各个层次以及相应协议的集合称为网络体系结构。应当注意的是，网络体系结构是从功能角度描述计算机网络结构的，是对计算机网络及其部件所完成功能的比较精确的定义，但是它仅仅定义了网络及其部件通过协议应实现的功能，而不对协议的实现细节和各层协议之间的接口关系进行说明。

第三节　OSI 参考模型

为了促进计算机网络的发展，从 20 世纪 70 年代开始，许多国家在网络协议的标准化方面做了大量工作，成立了许多标准化组织，推出了一系列网络协议标准。其中，最著名且影响最大的组织就是国际标准化组织（International Organization for Standardization，ISO）。ISO 于 1979 年提出了开放系统互联的概念，推出了开放系统互联（Open System Interconnection，OSI）标准。凡是遵守 OSI 标准进行信息交换的系统，它们之间都是相互开放的，故称为开放系统，开放系统之间进行信息交换的过程称为互联过程。

开放系统互联 OSI 标准包括许多内容，如开放系统互联 OSI 参考模型，虚拟终端服务与协议，文件传输、访问服务与协议，远程数据库访问服务与协议，等等。其中具有总体性指导意义的标准是开放系统互联 OSI 参考模型。

OSI 参考模型采用体系结构、服务定义及协议规范三级抽象。其中，体系结构是最高一级的抽象，它定义了描述一个开放系统所要用到的对象类型、关系以及对象与关系之间的一些普遍约束；OSI 比较详细地定义了各层提供的服务，以及层与层之间的抽象接口和交互用的服务原语；协议规范是最低一级的抽象，它精确地定义了应当发送什么样的控制信息以及应当使用什么样的过程来解释这个

控制信息。

一、OSI 的分层体系结构

OSI 参考模型采用分层体系结构，其分层的主要原则有以下几点：网络中各节点都必须具有相同的层次；不同节点的同等层具有相同的功能；同一节点内相邻层之间通过接口进行通信；每一层可以使用下层提供的服务完成本层的功能，并向其上层提供服务；不同节点的同等层之间通过协议实现对等层的通信。①

OSI 参考模型将整个网络体系结构划分为七个层次，从下而上分别是物理层（Physical Layer）、数据链路层（Data Link Layer）、网络层（Network Layer）、传输层（Transport Layer）、会话层（Session Layer）、表示层（Presentation Layer）和应用层（Application Layer）。

（一）物理层

物理层是 OSI 参考模型的最低层，是网络通信的数据传输介质，是开放系统与物理介质的接口。物理层提供了为建立、维护和拆除物理链路所需的机械的、电子的、功能的和规范的特性，其作用是直接完成数据比特流的物理传输，即数据链路层提供透明的比特流传输。包括表示“0”“1”信号的波形、信号电平大小、参考电压、信号允许传输的距离、收发双方的同步控制、接口连接器的大小、形状及尺寸、引脚的分布及功能和传输介质的参数及特性等。

（二）数据链路层

数据链路层的主要功能是在有差错的物理线路上提供几乎无差错的数据传输。它采用的手段主要有以下几种。

1. 帧（Frame）的装配与分解

发送方将要传输的数据分成一个个小的分组（帧），并对每个要传输的帧进行封装，即附加上同步标志、地址信息、控制信息和校验信息等组成帧，以帧为单位进行传输。接收方要对收到的帧进行分解，即去掉附加信息，取出数据分组，再向上层传输。

2. 差错控制与处理

发送方发出的数据帧在传输的过程中可能会出错或丢失，从而导致接收方不

① 张登 . 基于 OSI 参考模型下融媒体平台的网络安全研究 [J]. 无线互联科技，2019，16（19）：25-26.

能正确接收，为此在数据链路层需要采用差错控制与处理的方法保证传输的可靠性。通常接收方是利用帧校验的方法进行正确性校验，一旦发现错误，则通知发送方，利用重发机制进行纠错。另外，对于相同帧的多次重发可能会导致接收方对同一个帧的重复接收，在数据链路层的差错控制与处理中也要进行相应的处理，以保证传输的可靠性。

3. 流量控制

数据链路层引入流量控制的目的是控制发送方发送数据的速率不能超过接收方的接收能力，以防止高速的发送方数据把低速的接收方数据“淹没”，即接收方因缓冲能力不足来不及处理发送方发来的高速数据，从而导致接收缓冲器溢出及线路阻塞。

（三）网络层

网络层是通信子网的最高层，用于控制通信子网的运行，提供建立、维护和终止网络连接的手段。首先，网络层要将数据分成一定长度的分组，称为包(Packet)，并将分组从信源节点通过通信子网传送到信宿节点。由于网络层面对的是整个通信子网，而不是数据链路层中相邻的两个节点，因此从信源节点到信宿节点之间可能存在多条可以选择的路径。因此，网络层的最主要功能是进行路由选择，即分组通过通信子网选择最佳路径。其次，当信源节点与信宿节点所在的网络不直接相连时，传输的分组就需要跨越多个通信子网才能到达目的地，所以网络层的另一个功能就是网际互联。最后，为了避免因通信子网中出现过多分组而造成网络拥塞，网络层还需要有流量控制功能，以控制流入通信子网的分组数量，减少甚至避免拥塞现象的发生。

（四）传输层

传输层是端—端（End—End）层，即主机—主机（Host—Host）层。它的主要功能就是实现主机中两个进程之间的通信，为高层用户提供不依赖于具体网络的、端到端的、可靠的、透明的数据传输服务。高层用户不必考虑下层通信子网的具体细节，因而利用统一的传输原语书写的高层软件可以运行在任何通信子网上，具有良好的通用性。另外，传输层还具有处理端到端的差错控制、顺序控制和流量控制等功能，并能够进行分流与复用管理，如传输层能够根据上层用户提出的传输请求，为其建立一条独立的网络连接，或建立多条网络连接进行数据分流；也可以将多个传输连接复用到一个网络连接上，从而降低每两条传输连接的费用等。

（五）会话层

会话层位于传输层之上，负责在两个会话层实体之间进行会话连接的建立与拆除。会话层的主要功能是在传输连接的基础上提供增值服务，对端到端的进程间的会话进行管理。会话层提供的服务主要有两个：一是增强传输数据的结构性。它利用在传输的数据流中插入同步点机制，使得在数据传输过程中如因网络故障而中断后，下次传输时不需要再从头开始，只需重传最近一个同步点以后的数据；二是对会话用户之间的数据流的方向进行控制。在会话用户之间存在三种会话模式，即单工模式、半双工模式和全双工模式。单工模式最简单，不需要特别的管理，数据只在一个方向上流动。全双工模式在会话建立阶段协商好后，会话期间也不需要特别的管理。半双工模式是最复杂的，在此模式下，两个会话用户需要轮流发送数据，为此会话层提供了令牌控制方式，令牌可以在两个会话用户之间进行移动，只有持令牌的一方才能够执行某种关键性操作，有权发送数据。

（六）表示层

表示层主要是为了解决不同的计算机系统之间在信息表示方面的差异问题而设置的，因为不同的计算机系统采用的数据表示方式可能不同。例如为了让采用不同编码的计算机系统在相互通信过程中能够正确理解数据的内容，表示层可以采用抽象的数据结构（如抽象语法表示 ASN.1）来表示要传输的数据，但是在不同的计算机系统内部仍然采用各自的编码。表示层管理这些抽象的数据结构，并在发送方将发送的计算机系统内部的编码转换为适合在计算机网络中传输用的标准的数据表示形式，在接收方再作相反的转换，并保持接收到的数据意义不发生改变。此外，数据压缩和解压缩、加密和解密也是表示层应提供的功能，它们可以被看作一种特殊的编码。

（七）应用层

应用层是 OSI 参考模型的最高层，也是直接面向应用进程为用户提供服务的唯一层。应用层为应用进程提供访问 OSI 的环境。由于不同的用户其需求可能不相同，因此应用层就出现了支持不同应用需求的多种应用实体，以提供所需要的应用服务。对于一些典型的网络应用服务，如域名服务、文件传输、远程登录、电子邮件及超文本传输等，则制定出一系列标准。随着网络应用的进一步发展，以及用户需求的变化，已有的标准将不断完善，新的标准还将继续产生。

二、OSI 参考模型的信息流动

在开放系统互连的环境中，信息的实际流动过程如下。

发送端的发送过程：发送进程将要传输的数据交付给自己的应用层，经应用层协议处理后（即加上该层的控制信息头部）再向下一层传递。中间的每一层同样经过该层协议的处理（即加上控制信息头部）后，向下一层传递，依次类推。当传递的信息到达物理层时，通过物理媒体将信息传送到接收方。

接收端的接收过程：从最底层开始向高层一层一层地上传，每经过一层都要经过该层协议处理，即从接收的信息中去掉该层的控制信息，向上一层传递“纯”数据信息。这样逐层上传，直到将需要发送的数据传递给接收方为止。

第四节　TCP/IP 参考模型

TCP/IP（Transmission Control Protocol/Internet Protocol）协议是 20 世纪 70 年代初为实现 ARPANET 互联网络而开发的网络协议。TCP/IP 体系结构和协议规范形成于 1977—1979 年间。1983 年，美国加州大学伯克利分校首先将 TCP/IP 协议融入其 UNIX 操作系统，即 BSDUNIX，并将该操作系统在各大学和研究机构分发，使它得到了广泛应用。与此同时，美国国防部宣布将 ARPANET 的 NCP 完全过渡到 TCP/IP，使之成为正式的军事标准。TCP/IP 协议在异种计算机、异种网络的互联方面具有显著特点，得到了许多计算机厂商、网络商和软件商的广泛支持。目前，TCP/IP 协议已经成为事实上的国际标准和工业标准。

TCP/IP 也是一个分层的网络协议，但是由于 TCP/IP 协议的出现早于 OSI 标准，因此 TCP/IP 体系结构与 OSI 标准之间存在一定的差异。相对于 OSI 参考模型来说，TCP/IP 参考模型共分为四层，自下而上分别是网络接口层、互联网层、传输层和应用层。

一、TCP/IP 参考模型中各层的主要功能

（一）网络接口层

网络接口层是 TCP/IP 参考模型的最底层，它的主要功能是从互联网层接收 IP 分组，将它封装成适合在物理网络上传输的帧格式并进行传输，或是将从物理网络上接收到的帧进行解封，取出其“数据”部分，即 IP 分组交给互联网层 ①。

网络接口层下的物理网络可以是许多种类型的局域网，如以太网、令牌环网、令牌总线网等，也可以是诸如 X.25 交换网、帧中继、DDN（Digital Data Network，数字数据网）等公共数据网络等。

（二）互联网层

互联网层即 IP 层，它是整个体系结构的核心。其主要功能是负责将 IP 分组独立地从信源传递到信宿。由于信源与信宿可能不在同一网络，分组传递可能需要跨越多个物理网络，因此该层需要解决路由选择、拥塞控制、网络互联和排序等问题。它的功能与 OSI 参考模型的网络层功能相类似。

互联网层协议最主要的协议是 IP（Internet Protocol）协议，此外还包括互联网控制报文协议（Internet Control Message Protocol，ICMP）、地址解析协议（Address Resolution Protocol，ARP）和反向地址解析协议（Reverse Address Resolution Protocol，RARP）等。

（三）传输层

传输层在 TCP/IP 参考模型中位于互联网层之上，与 OSI 参考模型的传输层相对应，它的功能也与 OSI 参考模型的传输层相似，主要负责在源主机与目的主机的应用程序间提供端到端的数据传输服务。

TCP/IP 的传输层主要定义了两个协议：一个是传输控制协议（Transmission Control Protocol，TCP），它提供可靠的面向连接的服务，允许将一台计算机发出的字节流无差错传输到另一台计算机。TCP 需要提供端到端的差错控制、顺序控制和流量控制等功能，并能够进行分流与复用管理。另一个是用户数据报协议（User Datagram Protocol，UDP），它提供简单的不可靠的无连接服务。设置 UDP 的主要目的是以最小的网络开销来实现网络环境中的进程通信。UDP 适用于不需要 TCP

① 王伟明，胡宇翔，庄雷．新型网络体系结构 [M]. 北京：人民邮电出版社，2014.

的顺序控制及流量控制功能而是由应用程序自己完成这些功能的应用程序，它为这些应用程序提供了一种简单的数据报传输方法。

（四）应用层

应用层是 TCP/IP 参考模型的最高层，包含了所有使用传输层协议来进行数据传输的协议。应用层的协议很多，其中大多数都能够为用户提供服务，并且随着应用的不断深入，一些新的协议也在不断增加。比较著名的应用层协议有：远程终端协议（Telnet）、文件传输协议（FTP）、简单邮件传输协议（Simple Mail Transfer Protocol，SMTP）、超文本传输协议（HTTP）和域名系统（Domain Name System，DNS）协议等。

由此可以看出，TCP/IP 协议不是一个单一的协议，而是由许多协议组成的一个协议簇。

二、TCP/IP 协议的特点

TCP/IP 协议之所以能够成为事实上的国际标准和工业标准，得到广泛的支持与应用，是由其自身所具有的优点决定的。TCP/IP 协议的主要优点如下。

（一）开放性

TCP/IP 协议具有与计算机硬件、系统结构及操作系统无关的特性，可以跨平台实现不同计算机系统之间的信息交换，并且可以免费使用。

（二）与网络硬件无关

TCP/IP 协议能够将许多不同类型的网络互联起来，如局域网中的以太网、令牌环网、令牌总线网等，或者是将 X.25 交换网、帧中继、DDN 等公共数据网络互联起来，同时对于网络传输介质几乎没有限定。

（三）统一标准的网络寻址方案

在 TCP/IP 网络中，每个设备都具有一个（也可以有多个）全球唯一的网络地址，即 IP 地址。采用统一标准的 IP 地址，任何 TCP/IP 设备都能够唯一地寻址全部网络中的所有设备。

（四）标准化的高层协议

TCP/IP 协议是一个协议簇，包含大量的标准化高层协议，能够不断地为用户提供各种所需要的服务。

第五节　两种参考模型的比较

OSI 参考模型与 TCP/IP 参考模型相比较，其相同点是都采用了分层的网络体系结构和相似的传输层功能描述，其不同之处则表现在以下几个方面。

一、研究的目的不同

OSI 参考模型的推出是希望每个国家都按照该模型来建立网络，并由政府统一经营管理，因此该模型没有考虑网络互联问题。另外，由于最早的国际电信联盟（ITU）也参与了 OSI 参考模型的研制，因此 OSI 参考模型还带有浓厚的通信背景和通信系统特色。而 TCP/IP 协议的研究是为了满足社会需求，其研究目的就是解决异构网络的互联问题。因此，两种参考模型的出发点和研究的目的不同。[①]

二、网络体系结构的分层数不同

虽然 OSI 参考模型与 TCP/IP 参考模型都采用了分层的网络体系结构，但是 OSI 参考模型把整个网络体系结构划分为七层，而 TCP/IP 参考模型则划分为四层。

三、研究的方法不同

OSI 参考模型是先定义完整构架，再根据构架制定相应的协议与系统；而 TCP/IP 参考模型则是先研究制定协议，再反过来制定和套用参考模型。

四、对连接服务标准和网络管理功能的重视不同

OSI 参考模型在最初阶段仅仅强调面向连接的服务，没有重视无连接的服务标准和网络管理功能。虽然后来也提供了这类服务和管理功能，但是已经错过了推广应用的好时机。TCP/IP 协议在最初研究时就重视连接服务标准，提供面向连接的服务和无连接的服务这两种服务，以及合理有效的网络管理功能。

TCP/IP 参考模型与协议得到了广泛应用和业界的支持，但是二者也存在一定缺陷。例如在 TCP/IP 参考模型中没有明确区分“服务”“接口”与“协议”的概

① 张建标，林莉 . 网络安全体系结构 [M]. 北京：科学出版社，2021.

念，使得对于采用新技术来设计网络缺乏指导意义；又如 TCP/IP 参考模型通用性较差，很难用它描述其他类型的协议栈等。

总之，不管是 TCP/IP 参考模型还是 OSI 参考模型，虽然存在这样或那样的缺陷与不足，但是在计算机网络的发展中都作出了巨大贡献。TCP/IP 协议的成功极大地促进了计算机网络的普及与发展，为人类社会从工业经济时代转向知识经济时代提供了有力支持。OSI 的研究对于网络开发与应用也有着非常重要的意义和价值。

第四章　网络攻击技术

网络技术对社会的影响力越来越大，网络环境下的安全问题是互联网时代的重要问题。网络攻击与恶意代码一起构成了对网络安全的重大挑战，使信息系统的安全变得十分脆弱。网络安全要求我们了解网络攻击的原理和手段，以便有针对性地部署防范手段，提高系统的安全性。

第一节　黑客与网络攻击概述

一、黑客及其动机

网络攻击与黑客有着密不可分的联系。黑客在 20 世纪 50 年代起源于美国，一般被认为最早在麻省理工学院的实验室中出现。早期的黑客技术水平高超、精力充沛，他们热衷于挑战难题。直到 20 世纪 60 至 70 年代，黑客一词仍然极富褒义，用来称呼那些智力超群、独立思考、奉公守法的计算机迷，他们全身心投入计算机技术，对计算机的最大潜力进行探索。黑客推动了个人计算机革命，倡导了现行的计算机开放式体系结构，打破了计算机技术的壁垒，在计算机发展史上作出了自己的贡献[①]。

高水平的黑客通常精通硬件和软件知识，具有通过创新的方法剖析系统的能力，黑客一词本身并不仅仅代表破坏。因此直到目前，黑客一词本身并未包含太多贬义。日本的《新黑客词典》对黑客的定义：黑客是喜欢探索软件程序的奥秘，并从中增长其个人能力的人。他们不像绝大多数计算机用户那样，只规规矩矩地了解别人允许了解的一小部分知识。

但是由于黑客对计算机过于着迷，因此常常为了显示自己的能力而开玩笑或搞恶作剧，突破网络的防范闯入某些禁区，甚至干出违法的事情。黑客凭借过人

① 王敏，甘刚，吴震．网络攻击与防御 [M]. 西安：西安电子科技大学出版社，2017.

的电脑技术能够不受限制地在网络里随意进出，尤其是专门以破坏为目的的“骇客”的出现，使计算机黑客技术成为计算机和网络安全的一大危害。近年经常有黑客破坏了计算机系统、泄露机密信息等事件发生，这种行为侵犯了他人的利益，甚至危害到国家的安全。

黑客的行为总体上看涉及系统和网络入侵以及攻击。网络入侵以窃用网络资源为主要目的，更多的是由黑客的虚荣心和好奇心所致。而网络攻击总体主要以干扰破坏系统和网络服务为目的，带有明显的故意性和恶意目的。

随着黑客群体的扩大，黑客出现了分化。从行为和动机来划分，黑客行为有“善意”和“恶意”两种，即所谓的白帽（White Hat）黑客和黑帽（Black Hat）黑客。

白帽黑客利用其个人或群体的高超技术，长期致力于改善计算机及其环境，不断寻找系统弱点及脆弱性并公布于众，促使各大计算机厂商改善服务质量及产品质量，提醒普通用户系统可能存在的安全隐患。白帽黑客利用他们的技能做一些对计算机系统有益的事情，其行为更多的是一种公众测试方式。

黑帽黑客也被称为 Cracker，主要利用个人掌握的攻击手段和入侵方法，非法侵入并破坏计算机系统，从事一些恶意的破坏活动。多数黑帽黑客以个人私利为目的窃取数据、篡改用户的计算机系统，是一种犯罪行为。

随着技术的发展，黑客及黑客技术的门槛逐步降低，使得黑客技术不再神秘，也并不高深。一个普通的网民在具备了一定的基础知识后，也可以成为一名黑客，这也是近年网络安全事件频发的原因。另外，黑客技术是一把双刃剑，通过它既可以非法入侵或攻击他人的电脑，又可以了解系统的安全隐患以及黑客入侵的手段，掌握保护电脑、防范入侵的方法。因此，分析和研究黑客活动的规律和采用的技术，对加强网络安全建设、防止网络犯罪有很好的借鉴作用。大量案例分析表明，黑客具有以下主要犯罪动机。

（一）好奇心

许多黑帽黑客声称，他们只是对计算机及互联网感到好奇，希望通过探究以更好地了解它们是如何工作的。

（二）个人声望

通过破坏具有高价值的目标以提高其在黑客中的可信度及知名度。

（三）智力挑战

为了挑战自己的智力极限或为了向他人炫耀、证明自己的能力，还有些甚至不过是想做个“游戏高手”或仅仅为了“玩玩”而已。

（四）窃取情报

在因特网上监视个人、企业及竞争对手的活动信息及数据文件，以达到窃取情报的目的。

（五）报复

电脑罪犯感到其雇主本该提升自己的职位、增加薪水或以其他方式承认他的工作。电脑犯罪活动成为他反击雇主的方法，也希望借此引起别人的注意。

（六）获取利益

有相当一部分计算机黑客行为是为了赢利和窃取数据，盗取他人的 QQ、网游密码等，然后从事商业活动，取得个人利益。

（七）政治目的

任何政治因素都会反映到网络领域中。其主要表现：一是敌对国之间利用网络的破坏活动；二是个人及组织对政府不满而产生的破坏活动。

二、网络攻击的流程

尽管不同攻击者的攻击技能有高低之分，入侵系统的方法手段也多种多样，但他们对系统实施攻击的流程却大致相同。整个网络攻击过程可划分为信息收集、网络隐身、实施攻击和达成目的四个阶段，涉及踩点（Foot Printing）、扫描（Scanning）、通过跳板或代理发起访问、实施攻击、植入后门或木马（Creating Back Doors or Trojan Horse）、清除痕迹（Covering Track）等一系列过程。其中，实施攻击是网络攻击的核心部分，攻击手段与方法根据目标系统的不同而灵活多变，主要包括欺骗型攻击、利用型攻击和拒绝服务攻击（Denial of Services）。下面对网络攻击过程中的几个主要环节进行介绍。

（一）踩点

“踩点”原意为策划一项盗窃活动的准备阶段。举例来说，当盗贼决定抢劫一家银行时，他们不会大摇大摆地走进去直接要钱，而是先下一番功夫来搜集这家银行的相关信息，包括武装押运车的路线及运送时间、摄像头的位置、逃跑出口等。在黑客攻击领域，“踩点”是传统概念的电子化形式。

“踩点”的目的就是探察对方的各方面情况，确定攻击的时机。摸清楚对方最薄弱的环节和守卫最松散的时刻，为下一步的入侵提供良好的策略。如果可以的话，尽量将攻击目标的有关信息搜集全面，包括以下四方面的信息。

1. 管理员信息

E-Mail 地址、QQ、MSN 等即时通信方式，管理员的工作地点及电话，管理员身份资料，管理员在网络中光顾的论坛及感兴趣的话题。

2. 服务器信息

网站域名与 IP 地址，DNS 信息，服务器系统中运行的 TCP 和 UDP 服务，操作系统，入侵检测系统，网站所使用的整站、论坛和留言板等程序。

3. 局域网内网信息

内网连接协议（如 IP、IPX 等），内部域名和组，网络结构，通过内部局域网连通到网络的指定地址，系统体系结构，内部入侵检测系统，反病毒系统，访问控制机制和相关访问控制列表，系统用户名、用户组名、路由表等信息。

4. 远程访问信息

内部电话号码、远程系统类型（VPN 类型）、认证机制、互联网信息、连接类型、访问控制机制。

为达到以上目的，黑客通常采用以下技术：开放信息源搜索，通过一些标准搜索引擎，揭示一些有价值的信息；进行 whois（目标因特网域名注册数据库）查询；DNS 区域传送。常见的踩点方法包括：查询域名及其注册机构、了解公司性质、对主页进行分析、搜集邮件地址、查询目标 IP 地址范围。

（二）扫描

通过踩点已获得一定信息（IP 地址范围、DNS 服务器地址、邮件服务器地址等），下一步需要确定目标网络范围内哪些系统是“活动”的，以及它们提供哪些服务。扫描的主要目的是使攻击者对攻击的目标系统所提供的各种服务进行评估，以便集中精力在最有希望的途径上发动攻击。

扫描中采用的主要技术有 Ping 扫射（Ping Sweep）、TCP/UDP 端口扫描、操作系统检测以及旗标（Banner）的获取。

通过扫描，入侵者掌握了目标系统使用的操作系统，在此基础上要搜索特定系统上的用户和用户组名、路由表、SNMP 信息、共享资源、服务程序、旗标等信息，采用的技术根据操作系统而定。

（三）获取访问权

在搜集到目标系统足够的信息后，下一步要完成的工作自然是得到目标系统的访问权，进而完成对目标系统的入侵。Windows 系统采用的主要技术有系统登录口令猜测（包括手工及字典猜测）、窃听 LM 及 NTLM 认证散列、攻击 IIS Web 服务器及远程缓冲区溢出。而 Linux 系统采用的主要技术有蛮力密码攻击、密码窃听、RPC 攻击以及通过向某个活动的服务发送精心构造的数据，以产生攻击者所希望的结果的数据驱动式攻击（例如缓冲区溢出、输入验证、字典攻击等）。

（四）提升权限

一旦攻击者通过前面三步获得了系统上任意普通用户的访问权限，攻击者就会试图将普通用户权限提升至超级用户权限，以完成对系统的完全控制。

权限提升所采取的技术手段主要有：通过得到的密码文件或利用现有工具软件破解系统中其他用户名及口令，利用不同操作系统及服务的漏洞（例如 Windows 2008 RPC 漏洞），利用管理员不正确的系统配置，等等。

（五）信息窃取或篡改

一旦攻击者得到了系统的完全控制权，接下来要完成的工作是窃取，即进行一些敏感数据的篡改、添加、删除及复制（例如 Windows 系统的注册表、UNIX 系统的 rhost 文件等）。通过对敏感数据的分析，为进一步攻击应用系统作准备。

（六）清除痕迹

攻击并非都“踏雪无痕”，一旦攻击者入侵系统，必然会留下痕迹。此时，攻击者需要做的首要工作就是清除所有的入侵痕迹，避免自己的入侵记录被检测出来，以便能够随时返回被入侵的系统。掩盖踪迹的主要工作有禁止系统审计、清空事件日志、隐藏作案工具及使用人们称为 rootkit 的工具组替换那些常用的操作系统命令。

（七）植入后门或木马

黑客的最后一招便是在受害系统上创建一些后门及陷阱。创建后门的主要方法有创建具有特权用户权限的虚假用户账号、安装批处理、安装远程控制工具、使用木马程序替换系统程序、安装监控机制及感染启动文件等。

（八）拒绝服务攻击

如果黑客未能成功地完成访问权的获取，那么他们所能采取的最恶毒的手段便是进行拒绝服务攻击。即使用精心准备好的漏洞代码攻击系统，使目标服务器资源耗尽或资源过载，以至于没有能力再向外提供服务。攻击者主要是利用协议漏洞及不同系统实现时的漏洞来达到攻击的目的。

第二节　欺骗型攻击——社会工程学攻击

网络是多种信息技术的集合体，它的运行依靠相关的大量技术标准和协议。作为网络的入侵者，黑客的工作主要是对技术和实际实现中的逻辑漏洞进行挖掘，通过系统允许的操作，对没有权限操作的信息资源进行访问和处理。目前，黑客对网络的攻击主要是通过网络中存在的拓扑漏洞以及对外提供服务的漏洞实现成功的渗透。除了使用这些技术上的漏洞外，黑客还可以充分利用人为运行管理中存在的问题对目标网络实施入侵，例如社会工程学攻击。

一、社会工程学攻击简介

社会工程学攻击是一种利用人的本能反应、好奇心、信任、贪便宜等弱点进行欺骗与伤害，获取自身利益的手法。社会工程学不是一门科学，因为它不是总能重复和成功，而且在被攻击者信息充分的情况下会自动失效。社会工程学攻击的窍门蕴含了各式各样灵活的构思与变化因素[①]。

现实中运用社会工程学的犯罪很多。短信诈骗（如诈骗银行信用卡号码）、电话诈骗（如以知名人士的名义去推销）等都运用了社会工程学的方法。

近年来，更多的黑客转向利用人的弱点，即社会工程学方法来实施网络攻击。利用社会工程学手段突破信息安全防御措施的事件已经呈现出上升甚至泛滥的趋势。

Gartner 集团信息安全与风险研究主任 Rich Mogull 认为，社会工程学是未来十年最大的安全风险，许多破坏力最大的行为是由于社会工程学而不是黑客或破

① 王群．网络攻击与防御技术 [M]. 北京：清华大学出版社，2019.

坏行为造成的。一些信息安全专家预言，社会工程学将会是未来信息系统入侵与反入侵的重要对抗领域。

二、社会工程学攻击的手段

社会工程学攻击是以不同的攻击形式和多样的攻击方法实施的，并始终在不断完善和快速发展。一些常用的社会工程学攻击方法即使现在仍然时有出现。以下是一些常用的社会工程学攻击方法。

（一）伪造一封来自好友的电子邮件

这是一种常见的利用社会工程学策略从大堆的网络人群中攫取信息的方式。在这种情况下，攻击者会侵入一个电子邮件账户，并发送含有间谍软件的电子邮件到联系人列表中的其他地址簿。值得强调的是，人们通常信任来自熟人的邮件附件或链接，这便让攻击者轻松得手。

在大多数情况下，攻击者利用受害者账户发送电子邮件，声称收件人的“朋友”因旅游时遭遇抢劫而身陷国外，需要一笔用来支付回程机票的钱，并承诺一旦回来便会马上归还。通常，电子邮件中含有如何汇钱给“被困国外的朋友”的指南。

（二）钓鱼攻击（Phishing）

钓鱼攻击，是指入侵者通过处心积虑的技术手段伪造出一些以假乱真的网站并引诱受害者根据指定的方法进行操作，使得受害者“自愿”交出重要信息或被窃取重要的信息（例如银行账户密码）。

通常网络骗子冒充成受害者所信任的服务提供商来发送邮件，要求受害者通过给定的链接尽快完成账户资料更新或升级现有软件。大多数网络钓鱼要求受害者立刻去做一些事，否则将承担一些危险的后果。点击邮件中嵌入的链接将把受害者带到一个专为窃取受害者的登录口令而设计的冒牌网站中。钓鱼大师们另一个常用的手段便是给受害者发邮件，声称受害者中了彩票或可以获得某些促销商品，要求受害者提供银行信息以便接收彩金。在一些情况下，骗子冒充公安部门表示已经找回受害者“被盗的钱”，因此需要受害者提供银行信息以便拿回这些钱。

近年来，还出现了一种被称为鱼叉式钓鱼（Spear Phishing）的攻击手段，即只针对特定目标进行的网络钓鱼攻击。2008 年 3 月，美国司法部起诉了伊朗境内黑客组织马布那研究所的 9 名黑客，称他们使用鱼叉式电子邮件，渗透 144 所美国大学，其他 21 个国家的 176 所大学、47 家私营公司、联合国、美国联邦能源监管委员会以及其他目标，窃取了 31TB 的数据，以及预估价值 30 亿美元的知识产权信息。

（三）诱饵计划

在此类型的社会工程学阴谋中，攻击者利用了人们对于最新电影或热门 MV 的超高关注，从而对这些人进行信息挖掘。这在 bit Torrent 等 P2P 分享网络中很常见。

另一个流行方法便是以 1.5 折的低价贱卖热门商品。这样的策略很容易被用于假冒 eBay 这样的合法拍卖网站，用户也很容易上钩。邮件中提供的商品通常是不存在的，而攻击者可以利用受害者的 eBay 账户获得受害者的银行信息。

（四）主动提供技术支持

在某些情况下，攻击者冒充来自微软等公司的技术支持团队，回应受害者的一个解决技术问题的请求。尽管受害者从没寻求过这样的帮助，但受害者会因为自己正在使用微软产品并存在技术问题而尝试点击邮件中的链接以享用这样的“免费服务”。

一旦受害者回复了这样的邮件，便与想要进一步了解受害者的计算机系统细节的攻击者建立了一个互动。在某些情况下，攻击者会要求受害者登录“他们公司系统”或只是简单地寻求访问受害者的系统的权限。有时他们发出一些伪造命令在受害者的系统中运行，而这些命令仅仅为了给攻击者访问受害者计算机系统提供更大权限。

三、避免遭受社会工程学攻击的措施

为降低社会工程学攻击对网络安全的威胁，需要注意以下几点。

第一，当心来路不明的服务供应商等人的电子邮件、即时通信以及电话，在提供任何个人信息之前验证其可靠性和权威性。

第二，缓慢并认真地浏览电子邮件和短信中的细节，不要让攻击者在消息中透露出的急迫性阻碍了判断。

第三，不要点击来自未知发送者的电子邮件中的嵌入链接，如果有必要，使用搜索引擎寻找目标网站或手动输入网站 URL。

第四，不要在未知发送者的电子邮件中下载附件，如果有必要，可以在保护视图中打开附件，这在许多操作系统中是默认启用的。

第五，拒绝来自陌生人的在线电脑技术帮助，无论他们声称自己是多么正当。

第六，使用强大的防火墙来保护电脑空间，及时更新杀毒软件，同时提高垃圾邮件过滤器的过滤门槛。

第七，下载软件及操作系统补丁，预防零日漏洞，及时跟随软件供应商发布的补丁，同时尽可能快地安装补丁版本。

第八，关注网站的 URL。有时网上的骗子会对 URL 作细微改动，将流量诱导进自己的诈骗网站。

第九，加强学习。不断学习是预防社会工程攻击最有力的工具，应研究如何鉴别和防御网络攻击者。

第三节　利用型攻击

利用型攻击是一类试图以获取系统的访问权或提升系统的访问权甚至达成远程控制为目的的攻击方式，主要包括口令破解、缓冲区溢出攻击、木马病毒等方式。

一、口令破解

口令是进行安全防御的第一道防线。对大多数黑客来说，破解口令是一项核心技术。网络管理员了解口令破解过程有助于加深对口令安全的理解，从而维护网络的安全。口令破解是网络攻击最常用的一种技术手段，在漏洞扫描结束后，如果没有发现可以直接利用的漏洞，可以用口令破解来获取用户名和用户口令[①]。

口令破解的方法包括：①穷举法。穷举法破解是指给定一个字符空间，在这个字符空间中用所有可能的字符组合去生成口令，并测试是否为正确的口令，这又被称为蛮力（暴力）破解。②字典法。字典法破解是指尝试的口令不是根据算

① 黄晓芳，孙海峰，左旭辉．网络安全技术原理与实践 [M]. 西安：西安电子科技大学出版社，2018.

法从一个字符空间里生成的，而是从口令字典里读取单词进行尝试。

口令破解的对象包括：操作系统登录口令；网络应用口令，如邮箱、Telnet、FTP 等的用户口令，论坛等网站的用户口令；软件加密口令，如 Office 文档、WinZip 文档和 WinRAR 文档等。这些文档密码可以有效地防止文档被他人使用和阅读。但是如果密码位数不够长，则同样容易被破解。

（一）操作系统登录口令的破解

L0phtCrack5（LC5）是 L0phtCrack 组织开发的 Windows 平台口令审核程序的最新版本，它提供了审核 Windows 用户账号的功能，以提高系统的安全性。另外，LC5 也被一些非法入侵者用来破解 Windows 用户口令，给用户的网络安全造成很大威胁。所以，了解 LC5 的使用方法可以避免使用不安全的口令，从而提高用户本身系统的安全性。

如果要破解本台计算机的口令并且具有管理员权限，那么选择第一项“Retrieve from the local machine”（从本地机器导入）；如果已经进入远程的一台主机并且有管理员权限，那么可以选择第二项“Retrieve from a remote machine”（从远程电脑导入），这样就可以破解远程主机的 SAM 文件；如果得到了一台主机的紧急修复盘，那么可以选择第三项“Retrieve from NT 4.0 emergency repair disks”（破解紧急修复盘中的 SAM 文件）；LC5 还提供第四项“Retrieve by sniffing the local network”（在网络中探测加密口令），可以在一台计算机向另一台计算机通过网络进行认证的“质询 / 应答”过程中截获加密口令散列，这也要求和远程计算机建立连接。

（二）网络应用口令的破解

以 Web 站点的口令为例，口令的主要用途是在应用程序与用户的接口进行身份登录认证。在认证之前要先进行身份注册，注册过程：用户提交个人信息（包含用户名、密码、地址等），这个过程可能是明文或是简单地进行加密；服务器接收到用户提交的数据后，利用某种加密算法将口令转换成密文 Hash 存储在数据库中；服务端对用户提交的数据进行反馈。

破解用户的访问口令用到的工具为 Acunetix Web Vulnerability Scanner。其破解过程如下：打开程序，选择“Authentication Tester”功能模块；输入测试的目标网址，选择认证方式（通常选择“HTML form based”）；对目标网站的表单进行解析，点击“Select”按钮，会弹出“Parse HTML Forms From URL”界面，这里会自动解析表单中的几个字段；对目标网站的表单进行解析。将“Text”和“Password”分别与前面的“admName”和“admPass”字段进行对应；选择登录错误的反馈标识。有三种不同方式，这里以“管理员不存在或密码不正确”的出错结果进行设置，“Username dictionary path”和“Password dictionary path”是用户名和密码字典，如果没有自己生成的用户名和密码字典，可以采用默认的用户名和密码字典；设置完成后，点击“Start”按钮即可开始破解，破解的时间及成功率依用户口令设置的强度及字典的情况而定。

（三）软件加密口令的破解

以破解 WinRAR 压缩文档口令为例，用到的工具为 RAR Password Unlocker，点击“打开”按钮可以选择要破解的 RAR 文档。

破解口令的方式有三种。

1. 暴力破解

即尝试所有可能的口令组合，可以设置口令的位数和字符以及数字组合。

2. 掩码暴力破解

即可以指定部分口令中已知的或出现概率高的字符组合，再采用暴力破解。

3. 字典破解

即给定口令字典，按字典中的口令组合进行破解。

（四）对口令破解的防护

穷举法理论上可以破解任何口令，但如果口令较为复杂，暴力破解需要的时间会很长。在这段时间内会增加用户发现入侵和破解行为的机会，从而能够采取措施来阻止破解，所以对口令破解的防护就是要求口令具备一定的复杂性。

一般设置口令应遵行以下原则：口令长度不少于 8 个字符，最好是 14 个字符以上；口令包含大写和小写英文字母、数字和特殊字符的组合；口令不包含姓名、用户名、单词、日期以及这些项目的组合；定期修改口令，并且新旧口令应有较大区别。

二、缓冲区溢出攻击

在网络发展过程中曾发生过一些典型的安全事件。比如 1988 年的 Morris 蠕虫事件，当时美国康奈尔大学的硕士生莫里斯将自己编写的蠕虫程序散布到了校园网上，使得那时的因特网几乎瘫痪；再如 2001 年的红色代码（Code Red）病毒，它被人们认为是中美黑客大战的产物，其特征是在网络中主动传播，并使得每一台被感染的主机作出向美国白宫站点发送攻击包的行为；还有 2003 年的冲击波病毒和 2004 年的震荡波病毒，"冲击震荡"使得很多用户苦不堪言。

以上事件有一个共同之处，都是利用了缓冲区溢出漏洞来实施攻击。如 Morris 蠕虫利用了 Fingerd Daemon 缓冲区溢出漏洞，Code Red 病毒利用了 IIS 缓冲区溢出漏洞，冲击波病毒利用了 RPC 缓冲区溢出漏洞，震荡波病毒利用了 LSASS 缓冲区溢出漏洞。据统计，通过缓冲区溢出进行的攻击占所有系统攻击总数的 80% 以上。

（一）缓冲区溢出攻击的基本概念

计算机中所有的可执行文件或系统服务的动态链接库文件都以文件的形式存储在计算机硬盘上，当执行或系统启动时调入内存并驻留内存。根据汇编语言的知识，程序的三段式结构驻留内存后也分为代码段、数据段和堆栈三部分，分别存储只读二进制码、静态数据、临时变量和函数返回指针等。

缓冲区就是程序运行期间在内存中分配的一个连续的区域，用于保存包括字符数组在内的各种数据类型。溢出就是指所填充的数据超出了原有缓冲区的边界，并且非法占据了另一段内存区域。

缓冲区溢出攻击指的是一种系统攻击的手段，通过向程序的缓冲区写超出其长度的内容，造成缓冲区的溢出，从而破坏程序的堆栈，使程序转而执行其他指令，以达到攻击的目的。

（二）缓冲区溢出攻击的原理

当程序中发生函数调用时，计算机的操作：首先把参数压入堆栈，然后将指令寄存器（IP）中的内容压入堆栈，作为返回地址（RET），第三个放入堆栈的是基址寄存器（FP），然后把当前的栈指针（SP）拷贝到 FP，作为新的基地址；最后为本地变量留出一定空间，把 SP 减去适当的数值。在 Example 2 的代码中，将一个大字符串 large_string 拷入较小的缓冲区 buffer 中，引起缓冲区溢出，并覆盖了函数返回指针的内容（变为 0x41414141），这样函数返回后，返回地址是非法的地址，程序会无法继续执行而报错。

如果精心构造填充的字符，就可以使函数返回地址指向一个可以继续运行的攻击期望的地址，这就是缓冲区溢出攻击的基本原理。即当攻击者有机会用大于目标缓冲区大小的内容来对缓冲区进行填充时，就有可能改写函数保存在函数栈中的返回地址，从而使程序的执行流程随着攻击者的意图而转移。换句话说，进程接收了攻击者的控制，攻击者可以让进程改变原来的执行流程，去执行攻击者准备好的代码。

（三）缓冲区溢出攻击的实现

在掌握了缓冲区溢出攻击原理的基础上，再深入探讨一下如何实施缓冲区溢出攻击的问题。缓冲区溢出攻击的目的是要获取目标的权限，特别是控制权。如何通过缓冲区溢出攻击来获取目标权限呢？只能通过使进程或程序按攻击者的要求执行相应的代码来实现。总结前述内容，实现缓冲区溢出攻击的基本前提有以下三点：存在溢出点、可以更改函数返回指针值、可以执行攻击者的攻击代码。

前两个前提很好实现，但第三个前提则存在攻击代码是否存在及如何使进程执行该攻击代码的问题。目前有两种方法可以实现，即指令跳转法和代码植入法。

指令跳转指的是如果内存中已经存在可以获取权限的指令，则通过缓冲区溢出覆盖被溢出程序的返回地址并使其指向跳转指令，进而执行跳转指令，转到可以获取权限的指令处执行。

代码植入法是最常用的方法，即在构造溢出字符串时，将获取权限的代码以二进制指令的形式存储在溢出字符串中，直接将攻击代码写入目标主机内存。

如何知道缓冲区的地址，在何处放入攻击代码也是必须要解决的问题。由于每个程序的堆栈起始地址都是固定的，所以理论上可以通过反复重试缓冲区相对于堆栈起始位置的距离来得到。但这样的盲目猜测可能要进行数百上千次，实际上是不现实的。解决的办法是利用空指令 NOP，在 Shell 代码前面放一长串的 NOP，返回地址可以指向这一串 NOP 中的任一位置，执行完 NOP 指令后程序将激活 Shell 进程。这样就大大增加了猜中的可能性。

（四）缓冲区溢出攻击的防范

对缓冲区溢出攻击的防范应该从程序设计人员、普通用户两个角度入手。从程序设计人员角度来看，要想避免出现缓冲区溢出漏洞，应该注意以下两个方面：编程时小心谨慎和用编译器进行溢出检测。普通用户要想避免受到缓冲区溢出漏洞攻击，应该注意以下两个方面：及时给系统打补丁、安装防火墙系统。

缓冲区溢出漏洞存在的最本质的原因在于目前的计算机中指令与数据存储在

同一内存中，因此从这一点出发，CPU 设计商 AMD 的新型芯片已经消除了这种情况发生的可能。这种芯片将内存分为独立的两部分，一部分用于存储数据，另一部分用于存储指令。这种 CPU 与 64 位的 Windows XP 操作系统结合可以从根源上杜绝缓冲区溢出攻击的发生。

三、木马病毒

（一）木马的基本概念

木马的全称为特洛伊木马(Trojan Horse),源自希腊神话中的木马屠城记。《大英百科全书》将其定义为“隐藏在其他程序中的破坏安全（Security-Breaking）的程序,如隐藏在压缩文件或游戏程序中”。互联网 RFC1244 对其定义为“A Trojan Horse program can be a program that does something useful，or merely something interesting. It always does something unexpected，like steal passwords or copy files without your knowledge”，译为“特洛伊木马是一种程序，它能提供一些有用的，或是仅仅令人感兴趣的功能。但是它还有用户所不知道的其他功能，例如在你不了解的情况下拷贝文件或窃取你的密码”。

计算机网络世界的木马是一种能够在受害者毫无察觉的情况下渗透到系统中的程序代码，在完全控制了受害系统后，能秘密地进行信息窃取和破坏。它与控制主机之间建立起连接，使得控制者能够通过网络控制受害系统，其通信原理遵照 TCP/IP 协议。木马秘密运行在对方计算机系统内，像一个潜入敌方的间谍，为其他人的攻击打开后门。

木马程序从本质上而言就是一对网络进程，其中一个运行在受害者主机上，被称为服务端，另一个运行在攻击者主机上，被称为控制端。攻击者通过控制端与受害者服务端进行网络通信,达到远程控制或其他目的。鉴于服务端的特殊性,通常所说的木马指的是木马服务端。

通过对木马功能及作用的了解不难发现，木马服务端具有三个典型特征：隐蔽性、非授权性和功能特殊性。

（二）木马的工作原理

典型木马的工作过程可划分成配置木马、传播木马、运行木马、建立连接、信息窃取及远程控制六个步骤。

通过对木马工作的过程进行分析可以发现，木马程序必须做到以下四点才能达到木马的作用：①有一段程序执行特殊功能；②具有某种策略使受害者接收这个程序；③该程序能够长期运行，而且程序的行为方式不会引起用户的怀疑；④入侵者必须有某种手段回收由木马发作而为他带来的实际利益。

将这四点分别定义为：木马的功能机制、传播机制、启动机制及连接机制。下面通过对这四种机制的分析来深入认识木马的工作原理及入侵手段。

1. 功能机制

木马的典型功能主要包括以下几种：①远程控制功能。大多数木马实现远程控制功能，比如基于正向连接的 BO2000、冰河、广外女生等，基于反向连接的灰鸽子、网络神偷、网络红娘等。②文件窃取功能。文件窃取是一种基于无连接的木马服务端的特殊功能，这样的木马服务端一旦植入受害者主机，则在受害者主机上按照木马编写者的需要进行搜索。例如“试卷大盗”，搜索包含“题目”“试卷”“试题”等关键词的文件，将找到的文件发送到指定的邮箱或下载到指定的站点位置。③一些特殊功能。木马可以完成攻击者预置的一些特定功能，如破坏、网络攻击等。例如“僵尸”程序 Bots 可以组成“僵尸网络”，用于完成 DoS 和 DDoS。

2. 传播机制

木马的传播方式除了病毒式传播外，还有以下四种。

（1）网页木马传播

常见的方式：将木马伪装成页面元素，木马则会被浏览器自动下载到本地；利用脚本运行漏洞下载木马；利用脚本运行漏洞，释放隐含在网页脚本中的木马；将木马伪装为缺失的组件，或和缺失的组件捆绑在一起，如 Flash 播放插件，这样既达到了下载的目的，下载的组件又会被浏览器自动执行；通过脚本运行调用某些 com 组件，利用其漏洞下载木马；在渲染页面内容的过程中利用格式溢出释放木马，如 ani 格式溢出漏洞。

（2）欺骗式传播

攻击者将木马伪装成 txt、bmp、html 等无害文件的图标，上传到服务器诱骗用户下载，或通过发送 QQ 附件、邮件附件等诱骗用户下载以达到攻击的目的。

（3）文件捆绑式传播

如将木马捆绑到一个安装程序上，当安装程序运行时，木马在用户毫无觉察的情况下在后台启动。ExeScope程序就可以完成文件捆绑功能。再如，将木马捆绑到一个Word文档上，当打开Word文档时执行宏运行木马。通过命令行“D：> copy/btest.doc+tro.exe new.doc”就可将木马程序捆绑入Word文档。

（4）主动攻击传播

攻击者利用系统漏洞主动发起攻击，获得上传文件权限后将木马上传至目标主机，再利用计划任务或注册表的启动项执行木马，以实现远程控制的目的。

3. 启动机制

启动机制可使得木马一次执行后每次开机自动执行，可用的方法有：开始菜单的启动项；在Winstart.bat中启动；在Autoexec.bat和Config.sys中加载运行；win.ini/system.ini，部分木马采用，不太隐蔽；注册表，隐蔽性强，多数木马采用；注册服务，隐蔽性强，多数木马采用；修改文件关联，只见于国产木马。

4. 连接机制

木马种植者为回收木马给他带来的利益，必须解决攻击者的木马控制端与受害者的木马服务端的连接问题，即木马的连接机制。为清楚理解木马的连接机制，必须要理解网络通信的基本原理。我们想象大家上网时最经常的情况：为了充分利用有限的时间，先找到需要的电影或软件，用迅雷下载；再打开QQ，与网友聊天；再打开IE浏览器，访问Web站点，浏览新闻。

为了解决网络连接问题，计算机网络在运输层中引入了Port与Socket。Port（端口）就是运输层服务访问点SAP，用于标识应用进程。

网络通信采用客户端/服务器方式，提供服务的一方进程始终处于被动监听状态，发起服务访问的一方主动连接。这样Socket中的端口有两类：一类是监听端口，用于标识守护进程；另一类是连接端口，用于标识用户应用进程。

知道了网络通信的基本概念与术语，按照木马控制端与服务端在连接中所扮演的角色，将木马的连接机制划分为以下三类。

（1）正向连接

采用正向连接时，木马服务端打开一个特定的监听端口，作为守护进程隐蔽地运行在受害者主机上，被动等待攻击者的控制端与其连接。由于攻击者不确定哪台计算机感染了木马，因此，攻击需要对整个或特定的网络进行扫描，查找打开特定端口的计算机，找到建立连接，实现远程控制。这种连接方法很容易被防火墙阻断，因此攻击者又推出了反向连接机制。

（2）反向连接

反向连接指的是由攻击者主机上的控制端打开监听，作为守护进程等待受害者主机与之相连。受害者主机一旦感染了木马，木马服务端运行后，则向攻击者主机发起连接，并为之提供服务。

反向连接需要让服务端知道向谁发起连接，即确知“上家”是谁。目前有两种方法实现：一是将控制端地址、端口信息写入服务端。这种方法不够灵活，攻击机变更主机或主机地址后难以成功连接。二是通过在第三方网站上存储一个配置文件实现，攻击机变更主机或主机地址后可通过修改配置文件使木马回连回来。

（3）无连接

无连接是指攻击者控制端与受害者服务端之间不存在直接连接，控制端通过第三方中转站接收服务端发来的数据。这种方法最隐蔽，难以发现并阻止。

（三）木马防范技术

通过对原理的讲解我们知道，木马要想实现相应的功能，离不开成功地传播、启动和连接三个环节。因此，防范时只要阻断其中任一环节即可，可以采用以下三种措施：安装防病毒软件，防范木马的传播；监控注册表，检查启动项，防范木马的启动；监控连接，阻断异常，防范木马的连接。

千万不能认为有以上三点就安全了，最重要的是安全意识。始终绷紧安全这根弦，从源头上阻断是最有效的方法。因为不管木马采用什么技术，总要进入计算机才能产生危害，如果每个人都对自己的计算机负责，严把入口，则可使木马“无机可乘”。

第四节　拒绝服务攻击与分布式拒绝服务攻击

如果能发现目标系统中可被利用的漏洞，则可以通过该漏洞入侵并控制目标系统。如果目标系统不可入侵，也可以通过降低目标系统的效能（或使目标系统彻底失效）而达到网络攻击的目的，这种攻击方式称为拒绝服务攻击。拒绝服务即 Denial of Service，简称为 DoS，其目的是使计算机或网络无法提供正常的服务，导致合法用户无法访问系统资源，从而破坏目标系统的可用性。拒绝服务攻击又被称为服务阻断攻击。拒绝服务攻击容易引起目标警觉，只在其他攻击方式无效的情况下才会使用。

一、DoS 攻击的基本原理及分类

DoS 攻击的主要目的是降低或剥夺目标系统的可用性，因此，凡是可以实现该目标的行为均可被认为是 DoS 攻击。DoS 攻击既可以是物理攻击，比如拔掉网络接口、剪断网络通信线路、关闭电源等，又可以是对目标信息系统的攻击。本节只讨论对信息系统的攻击①。

DoS 攻击不以获得系统的访问权为目的，其基本原理是利用缺陷或漏洞使系统崩溃、耗尽目标系统及网络的可用资源。早期的 DoS 攻击主要利用 TCP/IP 协议栈或应用软件的缺陷，使得目标系统或应用软件崩溃。随着技术的进步和人们安全意识的提高，现代操作系统和应用软件的安全性有了大幅度的提高，可被利用的漏洞越来越少。目前的 DoS 攻击试图耗尽目标系统（通信层和应用层）的全部能力，从而导致它无法为合法用户提供服务或不能及时提供服务。

分布式拒绝服务（Distributed Denial of Service，DDoS）是目前威力最大的 DoS 攻击方法。分布式拒绝服务攻击利用了 Client/Server 技术，将多台计算机联合起来对一个或多个目标发动 DoS 攻击，从而大幅度地提高了拒绝服务攻击的威力。

由于拒绝服务攻击简单有效，不需要很高深的专业知识就可发起攻击，这种攻击具有通用性且大多利用了网络协议的脆弱性，因此 DoS 一直是网络信息系统可用性的重要威胁之一。

根据其内部工作机理，可将 DoS 攻击分成四类：带宽耗用型、资源衰竭型、漏洞利用型以及路由和 DNS 攻击型。对四种不同的 DoS 攻击介绍如下。

（一）带宽耗用攻击

带宽耗用攻击的本质是攻击者消耗掉某个网络的所有可用带宽，主要用于远程拒绝服务攻击。这种攻击有以下两种主要方式：攻击者因为有更多的可用带宽而能够造成受害者网络的拥塞。比如一个拥有 100Mb/s 带宽的攻击者可造成 2Mb/s 网络链路的拥塞，即较大的管道“淹没”较小的管道。如果攻击者的带宽小于目标的带宽，则在单台主机上发起的带宽耗用攻击无异于剥夺自己的可用性；攻击

① 杨家海，安常青．网络空间安全 拒绝服务攻击检测与防御 [M]. 北京：人民邮电出版社，2019.

者通过征用多个网点集中拥塞受害者的网络，以放大他们的 DoS 攻击效果。比如，分布在不同区域的 100 个具有 2Mb/s 带宽的攻击代理同时发起攻击，足以使拥有 100Mb/s 带宽的服务器失去响应能力。这种攻击方式要求攻击者事先入侵并控制一批主机，被控制的主机通常被称为“僵尸”，然后协调“僵尸”同时发动攻击。

（二）资源衰竭攻击

任何信息系统拥有的资源都是有限的。系统要保持正常的运行状态，就必须具有足够的资源。如果某个进程或用户耗尽了系统的资源，其他用户就无法使用系统。从其他用户的角度来看，其对系统的可用性被剥夺了。这种攻击方式称为资源衰竭攻击，既可用于远程攻击，又可用于本地攻击。

一般来说，资源衰竭攻击涉及诸如 CPU 利用率、内存、文件系统限额和系统进程总数之类系统资源的消耗。攻击者往往拥有一定数量系统资源的合法访问权，然而他们会滥用这种访问权消耗额外的资源。这样一来，系统的其他合法用户被剥夺了原来享有的资源份额。资源衰竭 DoS 攻击通常会因为系统崩溃、文件系统变满或进程被挂起等原因而导致资源不可用。

目前，针对 Web 站点出现了一种有效的、被称为“刷 Script 脚本攻击”的攻击方式。这种攻击主要是针对使用 ASP、JSP、PHP、CGI 等脚本程序，并调用 MSSQL Server、MySQL Server、Oracle 等数据库的网站系统而设计的。其特征是和服务器建立正常的 TCP 连接，并不断地向脚本程序提交查询、列表等大量耗费数据库资源的调用。一般来说，提交一个 GET 或 POST 指令对客户端的耗费和带宽的占用几乎是可以忽略的，而服务器为处理此请求却可能要从上万条记录中查出某个记录，这种处理过程对资源的耗费是很大的，常见的数据库服务器很少能支持数百个查询指令的同时执行，而这对于客户端来说却是轻而易举的。因此，攻击者只需通过 Proxy 代理向目标服务器大量递交查询指令，在数分钟内就会把服务器资源消耗掉而导致拒绝服务，常见的现象就是网站响应变慢、ASP 程序失效、PHP 连接数据库失败、数据库主程序占用 CPU 偏高等。这种攻击的特点是可以完全绕过普通的防火墙防护，轻松地找一些 Proxy 代理就可实施攻击。缺点是面对只有静态页面的网站时效果不佳，并且有些 Proxy 会暴露攻击者的 IP 地址。

（三）漏洞利用攻击

程序是人设计的，不可能完全没有错误。这些错误体现在软件中就成了缺陷，如果该缺陷可被利用，则成了漏洞。例如利用缓冲区溢出漏洞可以使目标进程崩溃。截至 2015 年 6 月 7 日，中联绿盟（http://www.nsfocus.net）收录了 6085 个拒绝服务漏洞，攻击者利用这些漏洞就可以发动攻击。比如 2014 年 12 月 5 日发布的“libvirt'qemu/qem_driver.c 拒绝服务漏洞”（CVE-2014-8136）就是利用了 libvirt 中 qemu/qemu_driver.c 的两个函数（qemuDomain Migrate Perform 及 qemuDomain Migrate Finish2）在 ACL 检查失败后没有开启域的安全漏洞，本地攻击者利用此漏洞造成拒绝服务。

应当指出的是，系统中的某些安全功能如果使用不当，也可能造成拒绝服务。比如如果系统设置了用户试探口令次数，当用户无法在指定的次数内输入正确的口令时则会被锁定，则攻击者可以利用这一点故意多次输入错误口令而使合法用户被锁定。

（四）路由和 DNS 攻击

路由攻击，是指通过发送伪造的路由信息、产生错误的路由而干扰正常的路由过程。早期版本的路由协议由于没有考虑到安全问题，没有或只有很弱的认证机制。攻击者利用此缺陷就可以伪造路由，使得数据被路由到一个并不存在的网络上，或经过攻击者能窃听数据包的路由，从而造成拒绝服务攻击或数据泄密。

DNS 攻击是指通过各种手段，使域名指向不正确的 IP 地址。当合法用户请求某台 DNS 服务器执行查找请求时，攻击者就把它们重定向到自己指定的网址，某些情况下还被重定向到不存在的网络地址。常见的攻击手法是域名劫持、DNS 缓存“投毒”和 DNS 欺骗。

二、典型的 DoS 攻击技术

（一）早期的一些 DoS 攻击手段

1.“死亡之 Ping”

死亡之 Ping 利用 Ping 命令向目标主机发送超过 64K 的 ICMP 报文实现 DoS 攻击。这种攻击只对 Win 95 和未打补丁的 Windows NT 起作用，可以直接造成目标主机蓝屏死机。

2. SMB 致命攻击

SMB（Session Message Block，会话消息块协议）又叫作 NetBIOS 或 LanManager 协议，用于不同计算机之间文件、打印机、串口和通信的共享和用于 Windows 平台上提供磁盘和打印机的共享。SMB 协议版本有很多种，在 Windows 98/NT/2000/XP 中使用的是 NTLM0.12 版本。利用该协议可以进行各方面的攻击，比如可以抓取其他用户访问自己计算机共享目录的 SMB 会话包，然后利用 SMB 会话包登录对方的计算机等。

利用 SMB 漏洞存在一种典型的 DoS 攻击方法，即 SMB 致命攻击。SMB 致命攻击可以让对方操作系统重新启动或蓝屏死机。其工具软件为 SMBDie V1.0，该软件对打了 SP3、SP4 的 Windows 2000 计算机依然有效，要防范这种攻击，必须打专门的 SMB 补丁。

3. 泪滴攻击

在发送的 IP 分组包指定非法的片偏移值，会造成某些协议软件出现缓冲区覆盖，导致系统崩溃。

4. Land 攻击

向目标主机发送源地址与目的地址相同的数据包，造成目标机解析 Land 包占用太多资源，从而使网络功能完全瘫痪。不同系统对 Land 攻击的反应不同，许多 UNIX 会崩溃，而 Windows NT/2000 会变得极其缓慢。

5. DNS 攻击

早期的 DNS 存在漏洞，可以被利用而造成危害。以下为 DNS 曾经存在的两个著名的漏洞。

（1）DNS 主机名溢出

指 DNS 处理主机名超过规定长度的情况。不检测主机名长度的应用程序可能在复制这个名时导致内部缓冲区溢出，这样攻击者就可以在目标计算机上执行任何命令。

（2）DNS 长度溢出

DNS 可以处理在一定长度范围之内的 IP 地址，一般情况下应该是四字节。如果用超过四字节的值格式化 DNS 响应信息，一些执行 DNS 查询的应用程序将会发生内部缓冲区溢出，这样远程的攻击者就可以在目标计算机上执行任何命令。

6. E-Mail 炸弹

攻击者在短时间内连续寄发大量邮件给同一收件人，使得收件人的信箱容量不堪负荷而无法收发邮件，甚至使收件人在进入邮箱时引起系统死机。邮件炸弹不仅造成收件人信箱爆满无法接收其他邮件，还会加重网络流量负荷，甚至导致整个邮件系统瘫痪。

（二）SYN Flood（SYN 洪水）攻击

SYN Flood 攻击主要利用了 TC 协议的缺陷。在建立 TC 连接的三次握手中，如果不完成最后一次握手，则服务器将一直等待最后一次的握手信息直到超时，这样的连接被称为半开连接。

如果向服务器发送大量伪造 IP 地址的 TCP 连接请求，由于 IP 地址是伪造的，则无法完成最后一次握手。此时服务器中有大量的半开连接存在，这些半开连接占用了服务器的资源。如果在超时时限之内的半开连接超过了上限，则服务器将无法响应新的正常连接。这种攻击方式被称为 SYN Flood 攻击。SYN Flood 是当前最流行的 DoS 与 DDoS 的方式之一。

一般来说，如果一个系统（或主机）负荷突然升高甚至失去响应，使用 netstat 命令能看到大量 SYN RCVD 的半连接，若数量超过 500 或占总连接数的 10% 以上，则可以认定这个系统（或主机）遭到了 SYN Flood 攻击。

虽然攻击者发出的数据包是伪造的，但这些数据包是合法的，因此要杜绝 SYN Flood 攻击十分困难，以下策略有助于减弱 SYN Flood 攻击的影响。

1. 增加连接队列的大小

调整连接队列的大小可以增加 SYN Flood 攻击的难度。不过一方面，这种方法会用掉额外的系统资源，从而影响系统性能。另一方面，如果攻击者征用更多的站点进行攻击，则这种努力是徒劳的。

2. 缩短连接建立超时时限

缩短连接建立超时时限也有可能减弱 SYN Flood 攻击的效果。然而系统的性能将受到严重影响，一些远离服务器的合法用户有可能无法建立正常的连接。

3. 采用厂家的相关软件补丁，检测及规避潜在 SYN 攻击

SYN Flood 攻击在网上流行之后，许多的操作系统都开发了对付这种攻击的方案，作为网络管理员，应该及时升级系统和打补丁。

4. 应用网络 IDS 产品

有些基于网络的 IDS 产品能够检测并主动对 SYN Flood 攻击作出响应。这样的 IDS 能够向遭受攻击的对应初始 SYN 请求的系统主动发送 RST 分组。

5. 使用退让策略避免被攻击

如果发现被 SYN Flood 攻击，可迅速更换域名所对应的 IP 地址，原来的 IP 地址上并没有服务在运行。如此一来，受到攻击的是老的 IP 地址，而实际上服务器在新的 IP 地址上提供服务。这种策略被称为退让策略。

不管是基于 IP 的还是基于域名解析的攻击方式，一旦攻击开始，攻击方将不会再进行域名解析，被攻击的地址不会改变。如果一台服务器在受到 SYN Flood 攻击后迅速更换自己的 IP 地址，那么攻击者不断攻击的只是一个空的 IP 地址，并没有对应的主机，而防御方只要将 DNS 解析更改到新的 IP 地址就能在很短的时间内（取决于 DNS 的刷新时间）恢复用户通过域名进行的正常访问。为了迷惑攻击者，甚至可以放置一台“牺牲”服务器让攻击者满足于攻击的“效果”。

出于同样的原因，在诸多的负载均衡架构中，基于 DNS 解析的负载均衡拥有对 SYN Flood 攻击的免疫力。基于 DNS 解析的负载均衡能将用户的请求分配到不同 IP 的服务器主机上，攻击者攻击的永远只是其中一台服务器。虽然攻击者也能不断去进行 DNS 请求从而打破这种“退让”策略，但是这样就会增加攻击者的成本，而且过多的 DNS 请求有可能暴露攻击者的 IP 地址（DNS 需要将数据返回到真实的 IP 地址，很难进行 IP 伪装）。

以下是降低 SYN Flood 攻击危害的参数配置方法。

第一，增加一个 SYNAttackProtect 的键值，类型为 REG-DWORD，取值范围是 0 ~ 2。这个值决定了系统受到 SYN Flood 攻击时采取的保护措施，包括减少系统 SYN+ACK 的重试的次数等。其默认值是 0，即没有任何保护措施，推荐设置是 2。

第二，增加一个 TepMaxHalfOpen 的键值，类型为 REG-DWORD，取值范围是 100 ~ OxFFFF。这个值是系统允许同时打开的半连接，默认情况下 WIN2K PRO 和 SERVER 是 100，ADVANCED SERVER 是 500，这个值很难确定，具体的值取决于服务器 TCP 负荷的状况和可能受到的攻击强度。

第三，增加一个 TepMaxHalfOpenRetried 的键值，类型为 REG-DWORD，取值范围是 80 ~ 0xFFFF。默认情况下 WIN2K PRO 和 SERVER 是 80，ADVANCED SERVER 是 400，这个值决定了在什么情况下系统会打开 SYN 攻击保护。

（三）Smurf 攻击

1. Smurf 攻击原理

Smurf 攻击是最著名的网络层 DoS 攻击，它结合使用了 IP 欺骗和 ICMP 回应请求，使大量的 ICMP 回应报文充斥目标系统。由于目标系统优先处理 ICMP 消息，目标将因忙于处理 ICMP 回应报文而无法及时处理其他的网络服务，从而拒绝为合法用户提供服务。

Smurf 攻击利用了定向广播技术，由 3 个部分组成：攻击者、放大网络（也称为反弹网络或站点）和受害者。攻击者向放大网络的广播地址发送源地址，伪造成受害者 IP 地址的 ICMP 返回请求分组，这样看起来是受害者的主机发起了这些请求，导致放大网络上所有的系统都将对受害者的系统作出响应。如果一个攻击者给一个拥有 100 台主机的放大网络发送单个 ICMP 分组，那么 DoS 攻击的效果将会放大 100 倍。

Smurf 攻击的过程如下：黑客向一个具有大量主机和因特网连接的网络（反弹网络）的广播地址发送一个欺骗性 Ping 分组（echo 请求），该欺骗分组的源地址就是攻击者希望攻击的系统；路由器接收到这个发送给 IP 广播地址（例如 212.33.44.255）的分组后，会认为这就是广播分组。这样路由器从因特网上接收到该分组，会对本地网段中的所有主机进行广播；网段中的所有主机都会向欺骗性分组的 IP 地址发送 echo 响应。如果这是一个很大的以太网段，可能会有几百个主机对收到的 echo 请求进行回复。由于多数系统都会尽快地处理 ICMP 传输信息，因此目标系统很快就会被大量的 echo 信息吞没，这样轻而易举地就能够阻止该系统处理其他任何网络传输，从而拒绝为正常系统提供服务。

2. Smurf 攻击的防范措施

用户可以分别从源站点、反弹站点（放大网络）和目标站点三个方面采取措施，以限制 Smurf 攻击的影响。

（1）阻塞 Smurf 攻击的源头

Smurf 攻击依靠欺骗性的源地址发送 echo 请求。网络管理员可以使用路由器的访问控制机制保证内部网络中发出的所有数据包都具有合法的源地址，以防止这种攻击。这样可以使欺骗性分组无法到达反弹站点。

（2）阻塞 Smurf 的反弹站点

网络管理员可以有两种方法阻塞 Smurf 攻击的反弹站点。第一种方法可以简单地阻塞所有入站 echo 请求，这样可以防止这些分组到达自己的网络。第二种方法是当不能阻塞所有入站 echo 请求时，网管就需要制止自己的路由器把网络广播地址映射成为 LAN 广播地址。制止了这个映射过程，自己的系统就不会再收到这些 echo 请求了。

（3）防止 Smurf 攻击目标站点

除非用户的 ISP 愿意提供帮助，否则用户自己很难防止 Smurf 对自己的 WAN 接连线路造成影响。虽然用户可以在自己的网络设备中阻塞这种传输，但对于防止 Smurf 吞噬所有的 WAN 带宽已经太晚了。但至少用户可以把 Smurf 的影响限制在外围设备上。

通过使用动态分组过滤技术或使用防火墙，用户可以阻止这些分组进入自己的网络。防火墙的状态表很清楚这些攻击会话不是本地网络中发出的，因为状态表记录中没有最初的 echo 请求记录，因此它会像对待其他欺骗性攻击行为那样丢弃这些信息。

三、分布式拒绝服务攻击

分布式拒绝服务是一种分布、协作的大规模拒绝服务攻击方式。对于只有单台服务器的目标站点，一般只需一个或几个攻击点就可以实施 DoS 攻击。然而对于大型站点，像商业公司、搜索引擎和政府部门的站点，一般用大型机或集群作为服务器，此时常规的基于单个攻击点的 DoS 攻击就难以奏效了。为了攻击大型站点，可以利用一大批如数万台受控制的傀儡计算机向一台主机或某一站点发起攻击，这样的攻击被称为 DDoS 攻击。DDoS 的攻击效果是单个攻击点的累加，如果用 1 万台机器同时向目标发起攻击，则攻击效果是单台计算机攻击的 1 万倍，如此强度的攻击即使是巨型机也难以抵挡。

（一）分布式拒绝服务攻击原理

分布式拒绝服务攻击是一种利用分布、协作结构的拒绝服务攻击，一般来讲都是客户机 / 服务器模式。攻击者利用一台终端来控制多台主控端，由主控端控制成千上万的傀儡主机（又被称为攻击代理服务器）进行攻击。DDoS 的攻击平台由以下三个主要部分构成。

1. 攻击者

攻击者所用的计算机是攻击的真正发起端，是主控台。攻击者一般不直接操控攻击代理直接对目标进行攻击，而是通过操纵主控端来操控整个攻击过程。这样有利于隐蔽自己。

2. 主控端

主控端是攻击者非法侵入并控制的一些主机，这些主机还分别控制大量的代理主机。主控端主机的上面安装了特定的程序，因此它们可以接收攻击者发来的特殊指令，并且可以把这些命令发送到代理主机上。

3. 代理端

代理端同样也是攻击者侵入并控制的一批主机，其上运行了攻击程序，接收和运行主控端发来的命令。代理端主机是攻击的执行者，真正向受害者主机发动攻击。

攻击者发起 DDoS 攻击的第一步就是在因特网上寻找并攻击有漏洞的主机，即傀儡计算机，入侵系统后在其中安装后门程序。被入侵的主机也常被称为“僵尸”，由大量“僵尸”组成的虚拟网络就是所谓的“僵尸网络”。攻击者入侵的主机越多，则其发动 DDoS 攻击的威力就越大。第二步是在入侵主机上安装攻击程序，其中一部分主机充当攻击的主控端，一部分主机充当攻击的代理端。第三步是各部分主机各司其职，在攻击者的调遣下对攻击对象发起攻击。由于攻击者在幕后操纵，所以在攻击时不会受到监控系统的跟踪，身份不容易被发现。

与传统的单机模式的拒绝服务相比，分布式拒绝服务攻击有一些显著的特点，使其备受黑客攻击的青睐，是网络攻击者最常用的攻击方法。

（二）分布式拒绝服务攻击的特点

1. 攻击规模的可控性

分布式拒绝服务攻击实施的主体是受攻击者控制的傀儡机，傀儡机的数量决定了分布式拒绝服务攻击的规模。因此，攻击者可以通过控制发动攻击所使用的傀儡机的数量来对攻击规模进行控制。所使用的傀儡机数量越多，攻击规模越大。为了达到最佳的攻击效果，攻击者一般都使用所有控制的傀儡机发起攻击，并且攻击过程中不断地控制尽可能多的新傀儡机，以此来保持攻击规模的稳定性和攻击效果的持续性。

2. 攻击主体的分布性

攻击主体的分布性，是指实施分布式拒绝服务攻击的主体不是集中在一个地点，而是分布在不同地点协同实施攻击。攻击主体的分布性是分布式拒绝服务攻击的一个显著特点。分布式拒绝服务攻击主体分布的广泛程度由攻击主体的选择范围确定。如果选择范围是一个地区，则攻击主体分布在一个地区；如果选择范围是一个国家，则攻击主体分布在一个国家；如果攻击主体在全球范围内选择，则攻击主体分布在世界的各个角落。

3. 攻击方式的隐蔽性

由于分布式拒绝服务攻击并不是由攻击者本人所使用的主机直接发起攻击，而是通过控制主控端和傀儡机间接发起攻击，因此对于攻击者来说，它具有很强的隐蔽性。此外，攻击主体的分布性也使得对攻击源的追踪非常困难。

4. 攻击效果的严重性

相比其他攻击手段，分布式拒绝服务攻击的危害性更加严重，特别是大规模的分布式拒绝服务攻击，除了造成被攻击目标的服务能力大幅下降之外，还会大量占用网络带宽，造成网络的拥塞，危害整个网络的使用和安全，甚至可能造成信息基础设施的瘫痪，引发社会的动荡。针对军事网络的分布式拒绝服务攻击还可使军队的网络信息系统瞬时陷入瘫痪，其威力也许不亚于真正的导弹。

5. 攻击防范的困难性

分布式拒绝服务攻击充分利用了 TCP/IP 协议的漏洞，因此对分布式拒绝服务攻击的防御比较困难，除非拒绝使用 TCP/IP 协议才有可能完全防御。分布式拒绝服务攻击一旦发起，在很短时间内就能造成目标机服务的瘫痪，即使被发现，也很难进行防御。

（三）分布式拒绝服务攻击的防御对策

实事求是地说，目前还没有公认的能够杜绝 DDoS 攻击的有效方法，但是以下方法有助于降低被 DDoS 攻击的风险。

1. 提高软件的安全性，杜绝漏洞的出现

如果没有软件漏洞，黑客是很难正面入侵一个计算机系统的。因此，应该对软件进行安全测试和评估，尽量减少漏洞的出现。一旦出现漏洞，也要及时用补丁修补漏洞。这就需要提高软件开发人员的安全意识和能力，使之在软件开发过程中践行安全编码的原则。

2. 加强计算机用户的安全防护意识，避免成为傀儡计算机

入侵并控制大量的傀儡计算机是攻击者实施 DDoS 攻击的前提。如果能加强广大计算机用户的安全防护意识和能力，使攻击者无法入侵并控制一批傀儡计算

机，则 DDoS 自然就无法发动了。

3. 实施控制，降低分布式拒绝服务攻击的危害

分布式拒绝服务攻击一旦发生，要及时作出响应，采取各种措施进行控制，最大限度地降低攻击的危害性。

一般而言，DDoS 一旦发动，其发出的数据包是有某些特点的，这就可以在 IDS 中设置相应的检测规则，并与企业的防火墙联动，拒绝攻击数据包进入企业的网络。

4. 建立响应组织，健全分布式拒绝服务攻击的响应机制

为及时对分布式拒绝服务攻击进行响应，统筹应对分布式拒绝服务攻击的措施和资源，应建立计算机应急响应组织，健全分布式拒绝服务攻击的响应机制，这对于一个国家应对分布式拒绝服务攻击来说是非常必要的。在分布式拒绝服务攻击爆发时，计算机应急响应组织可以对攻击及时响应，迅速查找确定攻击源，屏蔽攻击地址，丢弃攻击数据包，最大限度地降低攻击所造成的损失，并对攻击造成的损失进行评估。

第五节　APT 攻击

一、APT 概述

高级持续性威胁（Advanced Persistent Threat，APT）是一种以商业和政治为目的的网络犯罪类别，通常使用先进的攻击手段对特定目标进行长期持续性的网络攻击，具有长期经营与策划、高度隐蔽等特性。这种攻击不会追求短期的收益或单纯的破坏，而是以步步为营的渗透入侵策略，低调隐蔽地攻击每一个特定目标，不做其他多余的活动以免“打草惊蛇”。下面列举几个典型的 APT 攻击实例，以便展开进一步分析①。

（一）Google 极光攻击

2010 年的 Google Aurora（极光）攻击是一个十分著名的 APT 攻击。Google 的一名雇员点击即时消息中的一条恶意链接，引发了一系列事件，导致这个搜索引

① 李玉林．计算机网络攻击与防御技术研究 [M]. 郑州：黄河水利出版社，2018.

擎巨人的网络被渗入数月，并且造成各种系统的数据被窃取。这次攻击以 Google 和其他大约 20 家公司为目标，它是由一个有组织的网络犯罪团体精心策划的，目的是长时间地渗入这些企业的网络并窃取数据。

该攻击过程大致如下：对 Google 的 APT 行动开始于刺探工作，特定的 Google 员工成为攻击者的目标。攻击者尽可能地收集信息，搜集该员工在 Facebook、Twitter、LinkedIn 和其他社交网站上发布的信息；接着攻击者利用一个动态 DNS 供应商来建立一个托管伪造照片网站的 Web 服务器。该 Google 员工收到来自信任的人发来的网络链接并且点击它，就进入了恶意网站。该恶意网站页面载入含有 shellcode 的 JavaScript 程序码造成正浏览器溢出，进而执行 FTP 下载程序，并从远端进一步抓了更多新的程序来执行。由于其中部分程序的编译环境路径名称带有 Aurora（极光）字样，该攻击故此得名；接下来，攻击者通过 SSL 安全隧道与受害人机器建立了连接，持续监听并最终获得了该雇员访问 Google 服务器的账号密码等信息；最后，攻击者就使用该雇员的凭证成功渗透进入 Google 的邮件服务器，进而不断地获取特定 Gmail 账户的邮件内容信息。

（二）夜龙攻击

夜龙攻击是 McAfee 在 2011 年 2 月份发现并命名的针对全球主要能源公司的攻击行为。该攻击的攻击过程：外网主机（如 Web 服务器）遭攻击成功，黑客采用的是 SQL 注入攻击；用被黑的 Web 服务器作为跳板，对内网的其他服务器或 PC 进行扫描；内网机器（如 AD 服务器或开发人员电脑）遭攻击成功，多半是密码被暴力破解；被黑机器被植入恶意代码，并被安装远端控制工具（RAT），并禁用掉被黑机器 IE 的代理设置，建立起直连的通道，传回大量敏感文件（Word、PPT、PDF 等）以及所有会议记录与组织人事架构图；更多内网机器遭入侵成功，多半是由高阶主管点击了看似正常的邮件附件，却不知其中含有恶意代码引起的。

（三）超级工厂病毒攻击（震网攻击）

遭遇超级工厂病毒攻击的核电站计算机系统实际上是与外界物理隔离的，理论上不会遭遇外界攻击。坚固的堡垒只有从内部才能被攻破，超级工厂病毒也正充分地利用了这一点。超级工厂病毒的攻击者并没有广泛地去传播病毒，而是针对核电站相关工作人员的家用电脑、个人电脑等能够接触到互联网的计算机发起感染攻击，以此为第一道攻击跳板，进一步感染相关人员的 U 盘，病毒以 U 盘为桥梁进入“堡垒”内部，随即潜伏下来。病毒很有耐心地逐步扩散，利用多种漏洞（包括当时的一个 ODAY 漏洞），一点一点地进行破坏，最终控制了离心机控制系统，修改了离心机参数，让其发电正常但生产不出制造核武器的物质，成功地将伊朗制造核武器的进程拖后了几年。这是一次十分成功的 APT 攻击，而其最为恐怖的地方就在于极为巧妙地控制了攻击范围，攻击十分精准。

二、APT 分析

（一）APT 攻击的特点

1. 技术上的高级

0DAY 漏洞：APT 攻击者需要了解对方的使用软件和环境，有针对性地寻找只有攻击者知道的漏洞，绕过现有的保护体系实现利用。

0DAY 特马：APT 攻击者采用新型特殊木马绕过现有防护，是一种了解环境时使用的专门的对抗。

通道加密：APT 攻击者使用加密通道，利用常见必开的协议（如 DNS）或合法加密的协议（如 HTTPS）。

2. 投入上的高级

全面信息的收集与获取；针对不同目标的工作分工；多种手段的结合，社会工程学 + 物理。

APT 攻击往往针对人的薄弱环节与信任体系，攻击人的终端，由于常见人的信息流通道如邮件、Web 访问、IM 等缺乏深度检测，APT 通常利用人与人间的信任和利用社会工程学获取权限。

（二）APT 攻击的阶段划分

APT 攻击可划分为以下六个阶段。

1. 情报收集

黑客透过一些公开的数据源（如 Facebook）搜寻和锁定特定人员并加以研究，然后开发出定制化攻击。

这是黑客收集信息的阶段，他可以通过搜索引擎配合诸如爬网系统在网上搜索需要的信息，并通过过滤的方式筛选自己所需要的信息。信息的来源很多，包括社交网站、博客和公司网站，甚至可以通过一些渠道购买相关信息（如公司通讯录等)。

2. 首次突破防线

黑客在确定好攻击目标后，将会通过各种方式来试图突破攻击目标的防线。常见的渗透突破的方法包括电子邮件、即时通信和网站挂马。

通过社会工程学手段欺骗企业内部员工下载或执行包含零漏洞的恶意软件，一般安全软件无法对其进行检测，软件运行之后即建立了后门，等待黑客的下一步操作。

3. 幕后操纵通信

黑客在感染或控制一定数量的计算机之后，为了保证程序能够不被安全软件检测和查杀，会建立命令，控制及更新服务器（C&C 服务器），对自身的恶意软件进行版本升级，以达到免杀的效果。同时，一旦时机成熟，还可以通过这些服务器下达指令。

黑客采用 HTTP/HTTPS 标准协议来建立沟通，突破防火墙等安全设备。同时黑客定期对程序进行检查，确认是否免杀，只有当程序被安全软件检测到时，才会进行版本更新，降低被 IDS/IPS 发现的概率。

4. 横向移动

黑客入侵之后，会尝试通过各种手段进一步入侵企业内部的其他计算机，同时尽量提高自己的权限。黑客入侵主要利用系统漏洞的方式进行。企业部署漏洞防御补丁过程存在时差，甚至部分系统出于稳定性考虑，无法部署相关漏洞补丁。在入侵过程中可能会留下一些审计报错信息，但是这些信息一般会被忽略。

5. 资产 / 资料发掘

在入侵进行到一定程度后，黑客就可以接触到一些敏感信息，可通过 C&C 服务器下达资料发掘指令。具体来说，就是采用端口扫描方式获取有价值的服务器或设备，通过列表命令获取计算机上的文档列表或程序列表。

6. 资料外传

一旦搜集到敏感信息，这些数据就会汇集到内部的一个暂存服务器，然后再整理、压缩，并通常经过加密，然后外传。资料外传同样会采用标准协议，如 HTTP/HTTPS、SMTP 等。信息泄露后黑客再根据信息进行分析识别，来判断是否可以进行交易或破坏，对企业和国家造成较大影响。下面以极光攻击为例分析其攻击过程。

（1）情报搜集

攻击者通过 Facebook 上的好友分析，锁定了 Google 公司的一个员工和他的一个喜欢摄影的“电脑小白”好友。

（2）首次突破防线

攻击者入侵并控制了“电脑小白”好友的机器，然后伪造了一个照片服务器，上面放置了 IE 的 ODAY 攻击代码，以“电脑小白”的身份给 Google 员工发送 IM 消息，邀请他来看最新的照片，其实 URL 指向了这个 IE ODAY 的页面，Google 的员工相信之后打开了这个页面，然后中招。

（3）横向转移

攻击者利用这个 Google 员工的身份在内网内持续渗透，直到获得了 Gmail 系统中很多敏感用户的访问权限。

（4）资料外传

窃取了 Gmail 系统中的敏感信息后，攻击者通过合法加密信道将数据传出。事后调查，不止 Google 中招了，被这一 APT 攻击入侵的还有 20 多家美国高科技公司，其中甚至包括赛门铁克这样知名的安全厂商。

三、如何防范 APT

防范是理想举措，而检测则是必要的。多数机构仅仅重视防范措施，但对于 APT 而言，它是伪装成合法流量侵入网络的，很难分辨，因此防范效果甚微。只有攻击数据包进入网络内部，破坏和攻击才开始实施。针对 APT 这种新的攻击方式，以下是防范此类威胁的必要措施。

（一）控制用户并增强安全意识

安全的一条通用法则：我们不能阻止愚蠢行为的发生，但可以对其加以控制。许多威胁通过引诱用户点击他们不应理会的链接侵入网络。限制没有经过适当培训的用户使用相关功能能够降低整体安全风险，这是一项需要长期坚持的措施。

（二）对行为进行信誉评级

传统安全解决方案采用的是判断行为“好”或“坏”，进而“允许”或“拦截”之类的策略。不过随着高级攻击日益增多，这种分类方法已不足以应对威胁。

许多攻击在开始时伪装成合法流量进入网络，得逞后再实施破坏。由于攻击者的目标是先混入系统，因此需要对行为进行跟踪，并对行为进行信誉评级，以确定其是否合法。

（三）重视传出流量

传入流量通常被用于防止和拦截攻击者进入网络。毋庸置疑，这对于截获某些攻击还是有效的，而对于 APT，传出流量则更具危险性。如果意在拦截数据和信息的外泄，监控传出流量是检测异常行为的有效途径。

（四）了解不断变化的威胁

对于不了解的东西很难做到真正有效的防范。因此，有效防范的唯一途径是对攻击威胁有深入的了解，做到知己知彼。如果不能持续了解攻击者采用的新技术和新伎俩，将不能做到根据威胁状况有效地调整防范措施。

（五）管理终端

攻击者可能只是将侵入网络作为一个切入点，他们的最终目的是要窃取终端中保存的信息和数据。有效控制风险并控制和锁定终端将是一项长期有效的机构安全保护措施。

如今的威胁更加高级，更具持续性且更加隐匿，同时主要以数据为目标。因此，机构必须部署有效的防护措施加以应对。

第五章　网络安全技术

第一节　信息加密技术

密码学是一门古老而又年轻的科学，自从人类有了秘密信息传输的要求以来，密码技术就始终伴随着人类社会的发展而发展。早在公元前 5 世纪，古希腊的斯巴达就出现了原始的密码器；大约在 4000 年前，埃及就有了关于密码史的文字记载，而密码学真正成为一门科学还是在近代。计算机的产生、发展与应用对现代密码学的形成产生了深刻影响，使密码学不再仅仅作为一门艺术，而变成了一门科学。进入 21 世纪，随着因特网的飞速发展，为满足电子商务、电子政务、远程医疗等诸多领域的安全要求，密码学有了更加广阔的应用舞台。

密码学就是研究密码技术的科学，以研究数据的保密为主要目的。密码学包括密码编码学和密码分析学两部分内容。其中，密码编码学研究的对象是加密，即如何对信息进行加密，实现信息的隐藏。密码分析学研究的对象是解密，即如何从获得的信息中分析出隐藏在信息中的内容。密码编码学和密码分析学研究的对象既相互对立又相互统一，二者的研究共同促进了密码学的发展。

信息加密技术是网络安全的基础，因为在网络环境中很难做到对敏感数据和重要数据的隔离，所以通常采用的方法就是利用信息加密技术对在网络中要传输和存储的数据进行加密，使攻击者即便获得了数据，也无法理解其中的含义，达到保密的目的。更重要的是，信息加密技术是实现网络安全的机密性、完整性、真实性和不可抵赖性等安全要素的核心技术。

一、加密 / 解密的基本过程

对需要保密的信息进行重新编码的过程称为加密，加密前的信息称为明文，经过加密后的信息称为密文，加密依据的编码规则称为加密算法。将密文恢复为明文的过程称为解密，解密依据的规则称为解密算法。加密算法和解密算法的操作通常都是在一组密钥控制下进行的。作用于加密算法的密钥称为加密密钥，作用于解密算法的密钥称为解密密钥[①]。

密钥可以看作密码算法中的可变参数，如果算法不变而仅改变密钥，同样能够改变明文与密文之间的等价函数关系。因此，密钥能够充分发挥已设计的算法作用。

二、传统密码体制

传统密码体制是一种私钥密码体制，即密钥不能公开的密码体制。传统密码体制的特点是加密与解密使用同一个密钥。为了提高安全保密性，传统密码体制在发展过程中也进行了许多改进，即加密与解密也可以使用不同的密钥，但是仍可以方便地从加密密钥推导出解密密钥。

（一）替代密码算法

替代密码算法的基本原理是明文中的每个（或每组）字符被替换为密文中的另一个（或一组）字符。著名的恺撒（Caesar）密码就是典型的替代密码。例如令字母表中 a，b，c，d，e，…，x，y，z 的自然顺序保持不变，但使之与经过循环移位的字母表 d，e，f，g，h，…，a，b，c 分别进行对应替换。加密时，通过查找对应字符替换生成密码，解密时再进行相反的替换。

如明文为 and，则加密后的密文为 dqg。解密时，经逆替换即可还原为 and。

在该例中，字母表与经过循环移位的字母表之间的对应关系就是算法，而移动的位数就是密钥。可以看出，该例中的加密密钥与解密密钥都是“3”。显然，如果仅改变密钥而不变动算法，那么就会得到不同的密文。

替代密码算法的最大特点是密文中所含的元素是相同的，仅仅是排列的位置不同而已。因此，攻击者很容易通过统计分析来破译，故安全性不高。

（二）置换密码算法

置换密码算法的基本原理是按照某种规则重新排列明文中的比特或字符顺序，形成密文。例如明文是“this is a sample”，选择“basic”作为密钥，加密算法是根据密钥中字母出现的先后顺序按列生成密文。经过加密后的密文是“hsa+tise++1+sap+i+m+”。加密方法及过程如表 5-1 所示。

---

① 张明书．网络安全技术应用与实践 [M]. 西安：西安电子科技大学出版社，2019.

表 5-1 加密方法及过程

密钥	b	a	s	i	c
密钥中字母的顺序	2	1	5	4	3
明文	t	h	i	s	
	i	s		a	
	s	a	m	p	l
	e				

根据英文字母的先后顺序，计算出密钥“basic”中的每一个字母的相对先后顺序。如在密钥“basic”中 b 的出现顺序是第二个，a 是第一个，s 是最后一个（即第五个），i 是第四个，c 是第三个。由此得出密钥字母的相对先后顺序为：2、1、5、4、3。按照密钥的宽度将明文先行后列依次对应排列。按照密钥中字母出现的先后顺序，依次按列读出明文，即先读顺序为 1 的明文列，得到 has+；随后读顺序为 2 的明文列，得到 tise；再读顺序为 3 的明文列，得到 ++l+；依次类推，最后得到的密文就是“has+tise++l+sap+i+m+”。

解密方法则是把接收到的密文按照密钥中的字母顺序按列排列，顺序写出。最后按行从左到右顺序读出，即可得到解密后的明文。

替代密码算法和置换密码算法都属于传统的加密体制。传统的加密体制的显著特点就是加密 / 解密算法简单，易于实现。在人类历史发展过程中，传统的加密体制曾经发挥了巨大作用，产生了深刻影响。但是传统的加密体制的主要弱点是加密 / 解密算法与密钥密切相关，攻击者容易利用字符统计分析和语言学知识破译，因此其安全性不够高，如今已经很少采用。

在现代的密码体制中，加密算法和解密算法是公开的，而保密的是密钥。因此，密钥的安全性就决定了密码系统的安全性。这种基于密钥算法的密码体制目前主要有两类，即对称密钥密码体制和非对称密钥密码体制。

三、对称密钥密码体制

对称密钥密码体制也称为单密钥密码体制、常规密钥密码体制或秘密密钥密码体制。

对称密钥密码体制的特点是加密与解密采用的是相同的密钥。它是在传统密码体制的基础上，将算法和密钥进行了合理分离，加大了算法设计的复杂性，并使用较长的密钥，使得攻击者很难破译。一般情况下，对称密钥密码体制的算法是公开的，但是密钥是保密的。因此，系统的保密性完全依赖于密钥的安全性。如何管理密钥以及安全地传递密钥是对称密钥密码体制必须解决的重要问题。

典型的对称密钥密码体制的加密算法有 DES 算法、IDEA 算法等。

（一）DES 算法

DES（Data Encryption Standard）算法是典型的对称密钥密码体制的加密算法。该算法由 IBM 公司于 20 世纪 60 年代初开发，1977 年被美国国家标准局采纳，并作为美国国家标准。随后，ISO 也将 DES 作为数据加密标准。

DES 算法大致可以分为初始置换（IP）、迭代过程、逆置换（IP^{-1}）和子密钥生成四个基本组成部分。

DES 算法属于分组密码算法，加密的基本原理：首先，在加密前，先把明文以 64 位（8 个字节）为单位进行分组；其次，对每组明文进行加密，从而生成一系列 64 位的密文组；最后，将所有的密文组串接形成密文。整个加密过程是在一个 64 位的密钥控制下进行的，但是实际上参与运算的密钥长度仅为 56 位，另外 8 位用于奇偶校验。

在 DES 加密时，先把明文以 64 位为单位进行分组，然后以分组为单位分别输入。每 64 位的数据经过初始置换（IP）后，被分成左右各 32 位的两部分，密钥先与右半部分结合，再与左半部分结合，结果作为下一轮的右半部分。结合前的右半部分直接作为下一轮的左半部分。此迭代过程重复 16 次，在最后一轮将右半部分（L16）与左半部分（R16）交换后作为逆置换（IP^{-1}）的输入，经过逆置换最终得到 64 位的密文。在每轮的迭代过程中，为了使右半部分（32 位）能够与 56 位的密钥相结合，需要进行两个变换：一个是通过重复某些位将 32 位的右半部分扩展到 48 位，而 56 位的密钥则是通过选择其中的 48 位来与其进行结合。另一个是在每轮迭代过程中，密钥也经过了左移若干位和置换，目的是从 56 位的密钥中得出唯一的轮次密钥。

DES 的解密过程与加密相似，只是生成密钥的顺序正好相反。

DES 属于对称密钥密码体制，其加密与解密使用相同的密钥。DES 的算法是公开的，密钥的安全性和一致性直接决定了 DES 的安全性和有效性。实际上，对于 DES 算法的安全性方面，人们最担心的是它的密钥的长度问题，因为 DES 密钥长度实际仅为 56 位，其密钥可能的排列组合数是 $2^{56} \sim 7.2 \times 10^{16}$。如果攻击者试图用穷举搜索法来攻击 DES，从表面上看，DES 可能不足以抵抗穷举搜索攻击，而实际的情况是，即使攻击者每微秒攻击一个密钥，也要耗费大约 2283 年的时间才有可能攻破，显然 DES 算法对穷举攻击的抵抗性是很高的。但是随着高性能计算机的出现以及分布式计算能力的不断提高，特别是因特网的飞速发展，DES 的安全性已经受到了严重威胁。例如 1997 年，美国人 Verser 利用因特网在数万名志愿者的协助下，用 96 天攻破了密钥长度为 56 位的 DES。1999 年，一些在因特网上的合作者借助网络，利用一台不到 25 万美元的专用计算机，仅用了 22 小时就攻破了 DES。这些情况充分说明，在目前情况下，穷举攻击 DES 密钥已经成为可能。因此要提高 DES 算法安全性，就必须增加密钥长度，降低穷举攻击的可能性。

尽管如此，DES 仍然是比较安全的算法。由于 DES 算法内部迭代过程相似，无论是用软件还是硬件都能够方便实现且效率高，因此目前在许多行业中，DES 仍然被广泛采纳。

（二）IDEA 算法

国际数据加密算法（International Data Encryption Algorithm，IDEA）最早是由瑞士联邦理工学院的 James Massey 和 Xuejia Lai 于 1990 年提出的，后经改进于 1992 年正式颁布。

IDEA 算法属于分组密码算法，算法的基本结构与 DES 算法相似。相对于 DES 算法来说，IDEA 算法也是以 64 位为基本单位对明文进行分组，但是 IDEA 的密钥长度为 128 位，算法中经过 8 轮迭代，最后通过变换运算生成 64 位的密文块。对于每次迭代，每个输出比特都与每个输入比特有关。算法中，采用了混乱和扩散等操作，主要的运算有异或、模加和模乘三种。

IDEA 加密与解密使用相同的算法，但是加密与解密的子密钥不一样。IDEA 算法易于用软件和硬件实现，加密与解密的速度也相当快。与 DES 算法相比较，用软件实现 IDEA 算法的速度与 DES 相当。IDEA 算法的密钥长度是 DES 的两倍，能够比 DES 更加有效地抵御穷举攻击，其安全性更高。因此，IDEA 算法目前被公认为是一种最好最安全的分组密码算法，是用来替代 DES 的有效算法之一。

四、非对称密钥密码体制

非对称密钥密码体制是美国的 Whitfield Diffie 和 Martin Hellman 于 1976 年提出的，它的产生是密码学历史上的一次根本性的变革与飞跃，极大地丰富了密码学的内容，促进了密码学的快速发展。

在非对称密钥密码体制中，加密密钥与解密密钥采用的是完全不同的两个密钥。其中，一个是加密密钥，用于加密信息，它是公开密钥；另一个是解密密钥，用于解密信息，它是秘密密钥。因此，非对称密钥密码体制通常被称为公开密钥密码体制。

非对称密钥密码体制对于通信的机密性、报文鉴别、身份验证及密钥分配等都有着极其深远的意义和重要作用。比较著名的算法有 RSA、ELGamal、椭圆曲线及背包密码等。其中，RSA 算法是最典型也是影响最大的算法。

（一）非对称密钥密码体制的一般原理

非对称密钥密码体制的一般原理是加密与解密采用不同的密钥。其中，加密密钥 PK 是公开密钥，解密密钥 SK 是秘密密钥，加密算法 E 和解密算法 D 也是公开的。虽然解密密钥 SK 是由加密密钥 PK 决定的，但是根据 PK 不能计算得到 SK。

归纳起来，非对称密钥密码体制具有如下一些特点：对明文 X 用加密密钥 PK 加密后，再用解密密钥 SK 进行解密，即可以恢复原明文 X，即 $D_{sk}（E_{pK}（X））=X$；加密密钥 PK 是公开的，但是不能用它来解密，即 $D_{pk}（E_{pk}（X））\neq X$；加密密钥 PK 和解密密钥 SK 都易于计算；虽然解密密钥 SK 是由加密密钥 PK 决定的，但是根据 PK 不能计算得到 SK；加密算法 E 和解密算法 D 是公开的。

（二）RSA 算法

RSA 算法是由美国的 Rivest、Shamir 和 Adleman 三人于 1978 年研究发表的，也是最早实现 Diffie 和 Hallman 想法的非对称密钥算法。RSA 算法依据的原理：寻找两个大素数比较容易，但是将它们的乘积进行分解却极其困难。

RSA 算法描述如下：选择两个大素数 p 和 q；计算乘积，$n=p\times q$ 和 $\varphi（n）=（p\text{-}^{1}）\times（q\text{-}^{1}）$；选择大于 1 小于 $\varphi（n）$ 的随机整数 e，使得 $\gcd[e,\varphi（n）]=1$；计算 d，使得 $de=1 \bmod \varphi（n）$；对每一个密钥 $k=（n，p，q，d，e）$，定义加密变换为 $E_k（z）=x^{⑤}\bmod n$，解密变换为 $D_k（z）=y^{④}\bmod n$，其中 $z，y\in Z^{⑭}$；以 $\{e，n\}$ 为公开密钥 PK，以 $\{p，q，d\}$ 为秘密密钥 SK。

RSA 算法的优点如下。

1. 安全性好

RSA 算法的安全性是基于数论中大数分解的难度。对大数进行分解的难度是非常大的，因此 RSA 算法是比较安全的。

2. 使用方便，密钥便于管理

利用 RSA 算法，即使有多个用户进行秘密通信，也不必要在通信之前交换密钥。

RSA 算法的不足之处在于效率较低、速度慢。据统计，用硬件实现 RSA 算法比实现 DES 算法慢将近 1000 倍，用软件实现 RSA 算法比实现 DES 算法慢将近 100 倍。另外，随着大数分解算法的不断改进和高性能计算机的出现，以及因特网分布式计算机能力的不断提高，RSA 的安全性已受到严重挑战。要提高 RSA 算法的安全性，就必须使用更长的密钥，这些措施又使其效率低和速度慢的缺陷进一步加剧，限制了其使用范围。

因此，RSA 算法一般仅用于较少数据的加密，如数字签名。

第二节　密钥管理

密钥管理涉及密钥生命的每个环节，包括密钥的产生、分配、存储、组织、使用和销毁等。密钥管理的主要目的是提高密钥的安全性。一个好的密钥管理系统在密钥的生成与分配过程中，应当尽量减少人为干预，应当满足以下几个基本条件：密钥应难以被窃取；密钥要有使用范围和时间的限制，即使在一定条件下密钥被窃取了，也不会影响系统的安全性；密钥的生成、分配与更新过程对用户来说应该是透明的。

一、密钥的分类

从网络应用情况来看，为了保证密码系统的安全，通常需要多种密钥相互配合使用，密钥一般分为初级密钥、密钥加密密钥和主机主密钥几类[①]。

（一）初级密钥

初级密钥是保护数据的密钥，包括数据加密密钥和解密密钥。当初级密钥用于提供通信安全时，称为初级通信密钥。在通信会话期间用于保护数据的密钥，称为会话密钥；用于保护文件安全的密钥，称为文件密钥。

① 李文，杨方，崔嘉．网络安全技术及应用 [M]. 长春：吉林大学出版社，2017.

（二）密钥加密密钥

密钥加密密钥又称为次主密钥、辅助密钥、密钥传送密钥或二级密钥等，它是对密钥进行保护的密钥，是用于对会话密钥或者文件密钥进行加密的密钥。

（三）主机主密钥

主机主密钥是对密钥加密密钥和初级密钥进行加密的密钥。因为一个大的网络系统中可能有上万台主机或终端，若要实现全网互通，每个主机都要保存用于与其他主机或终端进行通信的密钥加密密钥和初级密钥。如果这些密钥以明文的形式保存，显然是不安全的。因此，通常对密钥加密密钥和初级密钥进行加密，形成主机主密钥，以保证密钥的安全性。

二、密钥的长度

密钥生成时主要应当考虑密钥生成算法强度、密钥空间大小及弱密钥等基本问题。其中，密钥空间大小是由密钥长度决定的，它是影响抗穷举攻击能力的主要因素。例如密钥长度为 16 位，那么可能的密钥就有 2^{16}=65536 种，因此，最多只需要进行 65536 次尝试就能够找到正确的密钥。又如 DES 算法的密钥长度是 56 位,那么就有 $2 \sim 7.2 \times 10^{16}$ 个可能的密钥。如果攻击者试图用穷举搜索法来尝试，即使是每微秒获得一个密钥,也要耗费大约 2283 年的时间才有可能找到正确的密钥。因此一般情况下，密钥越长，安全性就越高，抗穷举攻击的能力就越强。如果密钥长度足够长，那么理论上讲密码系统具有极高的安全性，如目前密钥长度达到或超过 128 位后，普遍认为系统是安全的。但是随着高性能计算机的出现以及分布式计算能力的不断提高，密钥长度也需要随之增长，而密钥长度的增长也会增加空间存储和密钥管理的难度，所以密钥长度的选择需要在保证系统安全性的前提下综合时间、空间和效率进行权衡。

三、密钥的生成

密码系统的安全性主要依赖于密钥的安全性，如果生成密钥用的是弱密钥算法，那么攻击者就能够通过破译密钥生成算法来获得密钥。因此，密钥生成算法强度是关系密钥安全的重要内容。

弱密钥算法必然会生成大量的弱密钥，虽然强的密钥算法也会产生弱密钥，但是其弱密钥的个数非常有限，可以通过测试来找出弱密钥，并进行替代。弱密钥是密码系统安全的一大隐患，它使抗穷举攻击能力大大降低，密码系统安全受到严重威胁。因为弱密钥往往可能是某个人的姓名、年龄、出生日期或者某个常用的单词等，所以穷举攻击者并不需要按照顺序去尝试所有的可能密钥，而是首先尝试这些最有可能的弱密钥，就有可能在很短的时间内破译。据统计，利用此方法能够破译一般计算机上 40% 的口令。许多的加密算法也都会产生弱密钥，例如 DES 算法中产生的约 7.2×10^{16} 个可能的密钥中就有 16 个弱密钥。因此，对密钥生成的一个基本要求就是要有良好的随机性，避免弱密钥的产生。

在一般的非密码的应用场合，对于生成的随机数只要呈平衡的、等概率的分布就能够满足使用要求，并不需要具有不可预测性；但是在密码系统中（特别是在密钥生成中），不可预测性则是一条根本性要求，必须满足。因为不满足不可预测性要求的随机数虽然能经受随机统计检验，但它容易预测，如果用它来做密钥就可能很容易被破译。另外，密钥碾碎技术也是一种避免弱密钥的有效方法，它利用单向散列函数能够将容易记忆的短语转换为一个随机密钥，具有较高的随机性。

四、密钥的分配

密钥的分配研究密码系统中密钥的分发与传送，目的是使密钥能够在参与者之间安全地进行交换而不被他人获得。密钥的分配是密钥管理的一个重要内容，是关系密码系统安全的重要环节，因为任何密码系统的安全都取决于密钥的保密。

对于对称密钥密码体制，参与通信双方采用的是相同的密钥，为了保证密码系统的安全，一方面密钥不能被泄露，另一方面需要不断地更换密钥，防止攻击者的破译。为此，对称密钥密码体制密钥分配采用的方法主要有两种：一种是用非对称密钥密码体制加密对称密钥体制的密钥；另一种是利用专用的安全信道传递对称密钥体制的密钥。

非对称密钥密码体制采用的是双钥体制，即一个公开密钥，一个秘密密钥。其中，公开密钥是公开的，不需要保密，但是要保证它的正确性。公开密钥的分配与传送方法通常采用公开发布、公开密钥动态目录表或数字证书（也称公钥证书）等几种形式。其中，目前应用最广泛的是数字证书形式，已广泛应用于电子商务、电子政务等领域；秘密密钥是参与通信的各方各自用于解密所使用的私钥，不能被泄露。因此，它的分配与传送可以采用与对称密钥密码体制相同的方法。

五、密钥的更新

密钥在使用一段时间后（也可能是仅使用了一次），或者是怀疑一个密钥已经受到威胁时，或者是密钥丢失情况发生后，就需要对密钥进行更新。在公钥证书中通常采用给密钥设置一个“生存期”的方法，当公钥证书“接近”过期时，就由证书的颁发机构颁发一个新的密钥及相关证书，进行密钥的更新。

六、密钥的保存与备份

密钥的保存与备份是密钥管理中的一个棘手问题，其安全性直接关系到密码系统的安全性。密钥在产生后，其保存的方法一般有两种，即整体保存和分散保存。整体保存是把密钥作为一个整体由某个实体统一保存与恢复，通常采用的方法有人工记忆、外部记忆装置、密钥恢复、系统内部保存等；分散保存是把密钥分成几个部分，分别进行保存，其目的就是要最大限度地降低由于某个实体的问题而导致密钥泄露事件发生的可能性。目前采用比较多的是密钥共享协议法，该方法是用户将自己的密钥分成若干片，而后将它们分别交给不同的人进行保管。因为每个保管人拿到的仅仅是密钥的一部分，而不是全部密钥，所以密钥是安全的。只有将全部密钥收集到一起，才能形成并恢复完整的密钥。

七、密钥的销毁

在更换密钥以后，要将旧密钥彻底销毁。如果旧密钥被攻击者获得，攻击者就得到了有关加密的一些旧信息，从而能够通过分析得到更换后的密钥，给密码系统的安全带来重大隐患。

如果密钥是写在纸上的，就要彻底粉碎或烧毁；如果密钥是存储在磁盘上的，就要多次对磁盘存储的实际位置进行覆盖或将磁盘切碎，并应写下一个特殊的删除程序以检查所有磁盘，寻找在未用存储区上的密钥副本，并将它们彻底删除；如果密钥存储在 EPROM 或 PROM 中，就要将该芯片碾碎；如果密钥存储在 EEPROM 中，就应多次重写该芯片。

由此可以看出，密钥销毁不是简单的丢弃，而是一项需要细心、彻底负责的工作，需要有相应的管理制度和管理机构予以监督实施。

第三节　网络加密方式

一、链路加密

链路加密是指在网络传输过程中对传输数据的通信链路进行加密，即相邻节点之间的链路加密。加密内容包括数据报文本身、路由信息和协议信息等。在链路加密方式中，每条通信链路上的加密都可以独立实现，而且对每条通信链路通常采用不同的加密算法和密钥。当报文传输到相邻节点时，该节点就需要对接收的报文进行解密，才能知道路由信息，因为路由信息也是加密的，不解密无法继续向下传输。由此可以看出，链路加密仅仅是对通信链路中的数据进行加密，而数据在每个中间节点都是以明文的形式出现的[①]。

链路加密的优点主要有以下几个方面：能够实现流量保密，防止各种通信流量分析攻击的发生；系统安全性与网络中的传输技术无关；密钥管理简单。

因为每条通信链路上的加密都可以独立实现，相邻节点之间只要求具有相同的密钥就可以实现，所以密钥管理易于实现，并且密钥管理对用户是透明的。

链路加密最主要的缺点是传输信息在所有中间节点都是以明文的形式出现的，因而降低了整个加密系统的安全性。另外，链路加密仅适合于点对点式网络，对于广播式网络并不适用。所以对于网络安全性要求较高的环境，仅有链路加密是不够的。

二、端到端加密

端到端加密是在信源节点和信宿节点中对传送的协议数据单元进行加密和解密的，即加密和解密仅仅在信源和信宿两个节点上进行。但是在端到端加密中，对于协议数据单元中的控制信息部分不进行加密，如信源节点地址、信宿节点地址、路由信息等，否则中间节点无法进行正确的路由选择。端到端加密也称为面向协议的加密。端到端加密的优点主要有以下几点。

（一）安全性较高

在端到端加密中，加密和解密仅仅在信源和信宿两个节点上进行，所有中间

① 韩斌，秦智，李享梅．网络服务器配置与管理 [M]．西安：西安电子科技大学出版社，2017.

节点收到的都是经过加密的数据信息，因此其安全性不会因中间节点的不可靠而受到影响。

（二）实现方式灵活，适应面广

端到端加密一般在传输层及其以上的层次实现，并且能够按照用户的要求提供所需要的安全服务。另外，端到端加密不仅适合于点对点式网络，而且适合于广播式网络。

端到端加密的主要不足是抗流量分析攻击的能力不强，密钥的分配与管理较为困难。因此，为了获得较高的网络安全性、方便性和适应性，通常将端到端加密和链路加密两种方式相结合，以提高整个网络系统的安全性。

第四节　访问控制技术

访问控制是保护网络安全和防范安全风险的主要策略之一，其主要任务是在保障授权的合法用户获得需要资源的同时拒绝非法用户对资源的访问与使用。具体来说，访问控制就是依据事先制定的规则对用户访问的资源进行控制，只有遵守规则的访问才能够被允许，对于违反规则的访问则予以拒绝。

一、访问控制概述

访问控制是针对越权使用资源的防御措施，是指主体依据某种控制策略或权限对客体本身或是其资源进行的不同授权访问。访问控制技术的三要素为主体、客体和控制策略[①]。

主体（Subject），是指一个提出请求或要求的实体，是动作的发起者，但不一定是执行者。主体可以是用户或其他任何代理用户行为的实体，如进程、作业或程序等。

客体（Object），是指接受其他实体访问的被动实体。它涉及的范围非常广，凡是可以被操作的信息、资源、对象，都可以认为是客体，如文件、目录、网络设备和设施等。

控制策略，是指主体对客体的访问规则集合，也是客体对主体访问的权限允

① 王静宇，顾瑞春．面向云计算环境的访问控制技术 [M]. 北京：科学出版社，2017.

许，如读、写、执行或拒绝等。

访问控制的目的就是限制主体对客体的访问，从而使对网络资源的访问能够控制在合法的范围内。为此，访问控制需要完成两个任务：一个是要能够识别和确认访问网络资源的用户身份；另一个是确定该用户对哪种资源具有何种访问权限。

（一）访问控制的内容

访问控制的实现首先要做的是对用户身份进行验证，而后是对控制策略的选择与实现，最后要对非法用户或合法用户的越权使用进行跟踪审计。因此，访问控制的内容主要包括认证、控制策略的选择与实现和安全审计三部分。

1. 认证

认证包括主体对客体的识别认证和客体对主体的检验认证两部分内容。主体与客体是相对的，如一个实体在某一时刻可以是主体，而到了另一时刻可能就变成了客体；又如当一个主体受到另外一个主体的访问时，这个主体就变成了客体。

2. 控制策略的选择与实现

控制策略的选择与实现，是指选择和确定规则集合，使它既要保证合法用户对资源的合法使用，也要控制合法用户的越权访问，还要防止非法用户的非法访问和使用。

3. 安全审计

安全审计使系统能够自动记录网络中各种访问类型、访问时间、访问地点等，是进行系统故障定位、跟踪与恢复、入侵检测与防攻击等的重要依据，对保证网络系统安全具有重要作用。实际上，安全审计需要安全审计跟踪中与安全相关的记录信息，以及对安全审计跟踪的分析报告。

（二）基本访问控制策略

基本访问控制策略主要包括入网访问控制策略、操作权限控制策略、目录级安全控制策略、属性安全控制策略、网络服务器安全控制策略、网络监测与锁定控制策略、网络端口与节点控制策略七种。

1. 入网访问控制策略

入网访问控制是最初一级的网络访问控制机制。入网访问控制策略控制是否允许用户登录及登录后允许访问的网络资源和访问权限。

入网访问控制策略通常分三步执行，首先是用户名的识别与验证，其次是用户口令的识别与验证，最后是用户账户的默认权限检查。只要上述三个步骤的任何一步检查未通过，控制策略就会拒绝该用户对网络的访问。

2. 操作权限控制策略

操作权限控制策略是针对可能出现的网络非法操作而采取的安全保护措施。在操作权限控制策略中，允许对网络中的用户或用户组设置访问权限，如允许用户或用户组访问哪些文件、目录及设备，以及允许执行何种访问操作等，以达到控制越权操作与访问的目的。

3. 目录级安全控制策略

目录级安全控制策略是针对用户对目录中的文件及下属子目录的访问权限而制定的安全控制策略。用户在目录一级赋予的访问权限对其下所有的文件及其下属子目录有效，也可以进一步对下属子目录及其包含文件的访问权限进行设置。

对目录和文件的访问操作一般有五种，分别是读（Read）、写（Write）、创建（Create）、删除（Delete）和修改（Modify）。通过对用户可以访问的文件和目录的访问操作权限进行有效组合，可以达到有效控制用户对网络资源的访问并提高工作效率的目的。

4. 属性安全控制策略

属性安全控制策略是对网络中的所有资源的属性进行设置的安全策略。属性安全控制策略安全控制级别高于用户操作权限设置的级别，从而可以有效防止越权访问与使用。属性安全控制策略是在操作权限安全控制策略的基础上，提供更进一步的网络安全保障。属性设置一般包括向文件或目录写、文件复制、文件或目录删除、文件或目录查看、文件执行、文件或目录隐含、文件或目录共享、文件或目录存档等。属性安全控制策略还可以保护网络系统中重要的目录和文件，防止用户对目录和文件的误删除、复制或运行等非法操作。

5. 网络服务器安全控制策略

网络服务器安全控制策略是针对网络服务器的访问安全而制定的安全控制策略。网络服务器安全控制策略规定了允许在网络服务器控制台上执行的操作序列，如允许用户通过控制台加载和卸载的系统模块或允许安装和删除的软件等。网络服务器安全控制包括控制台口令设置、登录限制和非法访问者检测等功能。

6. 网络监测与锁定控制策略

网络监测与锁定控制策略是针对网络非法入侵威胁而制定的网络安全策略，

是实现网络资源动态监控的有力措施。网络监测和锁定控制能够记录用户对网络资源的访问情况，可以检测出非法的网络访问，并及时予以报警；对非法用户的入侵，可以进行账号的自动锁定等。

7. 网络端口与节点控制策略

网络端口与节点控制策略是针对网络端口易受假冒合法用户或黑客攻击而制定的安全控制策略。网络服务器的端口一般都设置自动回复器和静默调制解调器，并以加密的形式来识别节点身份。自动回复器用于防止假冒合法用户，静默调制解调器用于防止黑客利用自动拨号程序对服务器进行攻击。

二、访问控制模型

基本的访问控制模型主要有三种，即自主访问控制模型、强制访问控制模型和基于角色的访问控制模型。

（一）自主访问控制

自主访问控制（Discretionary Access Control，DAC）是一种基于身份的访问控制，它基于对主体或主体所属组的识别来限制对客体的访问。也就是说，自主访问控制允许合法用户以用户或用户组的身份访问控制策略规定的客体，同时拒绝非授权用户的访问。另外，它也允许合法用户自主地将自己所拥有的客体的访问权限授予其他用户，并在随后的任何时刻都可以将该权限收回。由于所有这些控制都是自主完成的，因此称为自主访问控制。

自主访问控制也称为任意访问控制，因为它的自主控制能力为用户提供了灵活的数据访问方式，简单方便，所以应用范围比较广，是保护系统资源不被非法访问或使用的一种有效手段。但是这种自主同时给系统带来了一定的安全隐患。

因为用户可以任意地传递访问权限，如用户 A 原来没有访问目标 O 的权限，但是他可以从有访问权限的用户 B 那里得到访问 O 的权限，于是系统的安全性得不到充分保障。因此，自主访问控制模型提供的安全防护的级别相对较低，安全性较差。

（二）强制访问控制

强制访问控制（Mandatory Access Control，MAC）是一种多级访问控制策略。在强制访问控制中，所有主体和客体都被事先分配了安全标签，用于识别安全级别。一般的安全级别可分为四级，由高到低依次为绝密级、机密级、秘密级和无密级。访问控制执行时首先对主体和客体的安全级别进行比较，而后决定是否允许访问。

主体对客体的访问方式主要有四种，分别是向下读（Read Down）、向上读（Read Up）、向下写（Write Down）和向上写（Write Up）。向下读，是指当主体的安全级别高于客体的安全级别时允许的读操作；向上读，是指当主体的安全级别低于客体的安全级别时允许的读操作；向下写，是指当主体的安全级别高于客体的安全级别时允许的写操作；向上写，是指当主体的安全级别低于客体的安全级别时允许的写操作。

在强制访问控制中，通过将安全级别进行排序，能够实现信息流的单向性。向上读 / 向下写方式保证了信息的完整性，如著名的 Biba 模型；向上写 / 向下读方式保证了信息的保密性，如著名的 Bell-La Padula 模型。

信息流的单向，为信息的保密性和完整性提供了有力支持，因此该策略在军事领域中被广泛应用。自主访问控制虽然灵活，但是安全性较差；强制访问控制虽然安全性好，但是灵活性不够。因此在实际应用中，通常将两种策略结合在一起使用。以自主访问控制作为基础的控制策略，以强制访问控制作为进一步增强的安全控制手段，于是一个主体只有通过自主访问控制与强制性访问控制检查后，才能访问某个客体。这样既保证了系统的安全性，也具有了一定的灵活性。

（三）基于角色的访问控制

基于角色的访问控制（Role Based Access Control，RBAC）的基本思想是将访问权限按照角色进行分配，主体通过饰演不同的角色来获得角色所拥有的访问权限。角色可以看作与一个特定活动相关联的一组操作的集合。

基于角色的访问控制是为了解决在许多实际应用中由于结构调整或系统安全要求的不同，一个用户的权限可能需要频繁变更的问题而提出的。在基于角色的访问控制中，用户不再以注册身份的形式出现，而是以饰演的角色出现。每个角色被分配了不同的访问权限，从而为用户对资源的访问提供了很强的灵活性和最小权限分配。

基于角色的访问控制的特点主要有以下几点：提供了改变客体和主体访问的权限，以及主体所担任的角色；系统中所有的关系都可以是层次化的，便于管理；具有提供最小权利的能力；具有责权分离的能力。

与自主访问控制及强制访问控制相比较，基于角色的访问控制用角色表示访问主体具有的职权和责任，灵活地表达和实现了一个组织内部的安全策略，使权限管理在组织视图这个较高的抽象集上进行，从而简化了权限设置与管理，较好地解决了组织内管理信息系统中用户数量多、变动频繁的问题，是一种面向企业的有效访问控制方式。目前，在大型数据库系统的权限管理中普遍支持这种基于角色的访问控制模式。

第五节　防火墙技术

防火墙是基于网络访问控制技术的一种网络安全技术。防火墙是由软件或硬件设备组合而成的保护网络安全的系统，防火墙通常被置于内部网络与外部网络之间，是内网与外网之间的一道安全屏障。因此，通常将防火墙内的网络称为“可信赖的网络”，而其外的网络称为“不可信赖的网络”。实际上，防火墙就是在一个被认为是安全和可信的内部网络与一个被认为是不安全和不可信的外部网络（通常是因特网）之间提供防御功能的系统。

防火墙能够限制外部网络用户对内部网络的访问权限，防止外部非法用户的攻击和进入，同时能够对内部网络用户对外部网络的访问行为进行有效的管理。

一、基本网络安全策略

防火墙是一种被动的安全防范技术，它按照事先确定的安全访问策略进行控制。基本的网络安全策略主要有两种：一种是凡是没有明确表示允许的都是禁止的，另一种是凡是没有明确表示禁止的都是允许的[①]。

第一种安全策略表示只要不是被允许的行为都在禁止之列，也就是说该策略在制定时明确指出只允许做什么，而其余的行为都要禁止，即明确限定了用户在网络中的访问权限和能够使用的网络服务。按照该策略，防火墙将检查所有的信息流，只允许符合规则规定的信息流进出。

第二种安全策略表示只要没有明确表示是禁止的行为都在允许的范围内，也就是说，该策略只明确指出禁止做什么，而其余的行为都是允许的，即明确限定

① 谢正兰，张杰，兰晓红．新一代防火墙技术及应用 [M]. 西安：西安电子科技大学出版社，2018.

了用户被禁止的访问权限和不能使用的网络服务。按照该策略，防火墙只禁止符合规则规定的信息流进出，而其他信息流可以自由进出。

从以上两种安全策略的分析可以看出，第一种安全策略严格且安全性高，符合“最小权限”原则，即给网络用户分配完成任务所“必需”的最基本的访问权限和可以使用的服务类型。因此，在该安全策略的控制下，能够提供一种比较安全的网络环境，适用于网络安全要求较高的场所。但是这种安全性的保障是以牺牲用户的方便性为代价的，为了适应新的服务要求，防火墙需要不断地添加、删除和修改安全规则。第二种安全策略灵活方便，但是安全性不高，难以提供安全可靠的网络环境。因此，该安全策略适应于对网络安全要求不高的场所。

针对以上两种安全策略，在具体的应用中到底采用哪种安全策略还是要根据实际的情况来确定。如果安全性是主要考虑的因素，则选择第一种安全策略；如果灵活性是主要考虑的因素，则选择第二种安全策略。

二、防火墙的功能

防火墙的基本功能主要有以下几点：检查所有进出网络的数据流；按照事先确定的安全访问策略管理进出网络的访问行为，过滤不符合安全策略的信息流；具备攻击检测和报警能力，保证自身的安全性；能够记录所有通过防火墙的数据及其活动。

防火墙的记录日志能提供网络使用情况的统计信息，当有可疑情况发生时，还能够报警并提供网络是否受到监测与攻击的详细信息。

三、防火墙的类型

（一）根据防火墙的基本技术分类

目前防火墙基本技术主要分为数据包过滤和代理服务两种，按此技术划分，防火墙可以分为包过滤防火墙和代理服务防火墙两大类。

1. 包过滤防火墙

包过滤防火墙是一种最基本、最简单廉价的安全防范技术。包过滤防火墙基于路由器技术，它根据事先在路由器中设置的分组过滤规则（即访问控制列表）检查每个将通过防火墙的分组，以确定是否允许分组通过。凡是符合规则的分组都允许通过，予以转发，而不符合规则的分组将被丢弃。防火墙检查的内容是IP、

TCP 和 UDP 报文的头部信息，主要包括源 IP 地址、目的 IP 地址、TCP/UDP 源端口号、TCP/UDP 目的端口号、协议类型、IP 选项及 TCP 报文头部的 ACK 标志位等。由此可以看出，包过滤防火墙是工作在 OSI 参考模型的网络层和传输层。

通常包过滤防火墙还具有网络地址转换（Network Address Translate,NAT）功能，它能够改变通过防火墙的分组的源地址，达到隐藏内部网络拓扑结构和地址表的目的。

包过滤防火墙的优点是逻辑简单、速度快，对网络性能影响不大，具有较强的透明性。另外，由于它工作在网络层和传输层，与应用层无关，因此包过滤防火墙的使用不需要改动客户机及主机上的应用程序，便于安装、配置和使用。

包过滤防火墙的缺点主要有以下几点：由于防火墙依据的过滤信息仅仅是分组头部的有限信息，因此难以满足不同的安全环境要求；随着防火墙中规则数量的不断增多，必然会降低防火墙的性能。另外，过滤规则的条目数量对于大多数包过滤防火墙来说是有一定限制的；由于包过滤防火墙在接收分组时一般不进行上下文判断，因此不能对 UDP、RPC 等协议进行有效过滤；包过滤规则的制定是包过滤防火墙的安全核心。要制定较为完善的包过滤规则，就要求网络管理人员对 IP、TCP 和 UDP 等协议非常熟悉，有较为深入的理解，否则容易出现由于配置不当而产生的安全隐患；部分包过滤防火墙中还缺少记录、审计、报警和身份认证等机制，难以发现和跟踪黑客的攻击。另外，用户界面和管理方式也不理想。

综上所述，包过滤防火墙虽然简单廉价、使用方便，但是安全性不是很高。因此，包过滤防火墙通常与代理服务防火墙配合使用，共同组成防火墙系统。

2. 代理服务防火墙

代理服务防火墙工作在应用层，其特点是完全“阻隔”了网络的信息流，通过对每种应用服务编写专用的代理程序，实现监视和控制应用层信息流的目的。

代理服务防火墙一般可以进一步分为应用级防火墙和电路级防火墙两种。

（1）应用级防火墙

应用级防火墙也称应用级网关（Application Level Gateway）或应用代理服务器（Application Gateway Proxy）。应用级防火墙为每一种服务在网关上安装特殊的代理服务来管理网络服务，其核心技术就是代理服务技术，而不是依赖于包过滤工具。因此，应用级防火墙也就是通常所说的代理服务器。

通常应用级防火墙都被配置为“双宿主网关”，也就是在防火墙内部安装有两块网卡，分别用于连接内部网络和外部网络。通过该方式强制将经过防火墙的通信链路分为两段，一段是内部网络到代理服务器的链路，另一段是外部网络或计算机到代理服务器的链路，在内部网络与外部网络之间不存在直接链路。网关能够强制检查和过滤所有进出网络的数据包，通过它复制和传递数据，并能够针对特定的网络服务安装相应的代理服务软件，提供代理服务。每个代理服务都是独立的，当某个代理出现问题时，不会影响其他代理的正常工作。

应用级防火墙最突出的优点是安全性高，能够识别并实施高层协议，方便实现“允许”或“禁止”特定的网络服务，能够实现较为复杂的访问控制，可以进行身份认证、日志记录和审计追踪等。

应用级防火墙的主要缺点：流经防火墙的数据需要经过两次处理，因此对防火墙的工作效率会产生一定影响。在实际中没有真正意义上的通用代理，因此每一种协议都需要有相应的代理软件，使用时工作量大，并且可用的网络服务也会受到一定的限制。一般情况下，应用级防火墙不支持 UDP 和 RCP 等特殊协议，因此应用会受到一定的限制。需要对客户端进行配置，用户透明性较差。另外，身份认证也会对防火墙的工作效率产生一定影响。

实际上，应用级防火墙中最突出的缺点是速度慢。因此，如果速度是制约网络的主要因素，就应该考虑使用包过滤防火墙。

（2）电路级防火墙

电路级防火墙是一个通用的代理服务器，它工作在 OSI 参考模型的会话层或 TCP/IP 参考模型的传输层，提供 TCP 连接的中继服务。它监督控制所有的内部网络与外部网络之间的 TCP 连接请求，代理完成网络的连接，并以此来决定该会话（Session）是否合法。

电路级防火墙的主要优点：相对于应用级防火墙来说，不需要对不同的应用设置不同的代理模块，通用性好；相对于包过滤防火墙来说，能够在分组转发前就完成身份认证，效率高，安全性好。

电路级防火墙的主要缺点是速度相对较慢、系统资源占用较多、缺少上下文分析能力，等等。

（二）根据防火墙的实现方式分类

根据防火墙的实现方式不同，防火墙一般又可以分为双宿 / 多宿网关防火墙、屏蔽主机防火墙和屏蔽子网防火墙三种类型。

1. 双宿 / 多宿网关防火墙

双宿 / 多宿网关防火墙是一种拥有两个或多个连接到不同网络上的网络接口的防火墙，由一台称为堡垒主机的设备来承担。通常的实现方法是在该堡垒主机上安装两块或多块网卡，由它们分别连接不同的网络，如一个网络接口连接到内部的可信任网络，另一个连接到外部的不可信任网络。通过堡垒主机上运行的防火墙软件，利用应用层数据共享或者是应用层代理服务功能来实现两个或多个网络之间的通信。

双宿 / 多宿网关防火墙可以根据网络安全、性能及用户需求等的不同，采用包过滤防火墙技术或代理服务防火墙技术予以实现。

双宿 / 多宿网关防火墙的主要优点：安全性好、易于实现和方便维护。

双宿 / 多宿网关防火墙的致命弱点：一般情况下，为了保证网络系统安全，都禁止堡垒主机的路由功能，但是如果非法入侵者侵入堡垒主机并使其具有了路由功能，那么外部网络的任何用户都能够很方便地访问内部网络，网络安全性将无法保证。

因此，为了提高网络的安全性、保证内部网络的安全，就必须对堡垒主机采取必要的保护措施，通常采用的方法有关闭路由功能、保留最少和最需要的服务、制定详细的维护和修复策略等。

2. 屏蔽主机防火墙

屏蔽主机防火墙由包过滤路由器和堡垒主机共同构成。

在屏蔽主机防火墙中，包过滤路由器连接外部网络，并利用包过滤规则实现分组过滤，同时使位于内部网络的堡垒主机成为外部网络能够直接访问的唯一主机。外部网络非法入侵者要想侵入内部网络，必须通过包过滤路由器和堡垒主机两道屏障。因此，屏蔽主机防火墙提供了比双宿 / 多宿网关防火墙更高的安全性。

3. 屏蔽子网防火墙

屏蔽子网防火墙是目前最安全的防火墙系统之一，它支持网络层和应用层的安全功能。屏蔽子网防火墙通常由两个包过滤路由器（即外部包过滤路由器和内部包过滤路由器）和一个堡垒主机共同构成。

在屏蔽子网防火墙中，被屏蔽子网是指位于内部网络和外部网络之间的一个被隔离的子网，通常称为“非军事区”网络。一般情况是在该区域放置内部网络或外部网络需要经常访问的公用服务器，如堡垒主机、Web 服务器、E-Mail 服务器等。内部网络和外部网络都可以访问该区域，并通过该区域进行通信，但是它们之间不能穿越该区域直接进行通信。

屏蔽子网防火墙的这种配置，使得外部网络的入侵者即使侵入堡垒主机，也无法侵入内部网络。因为内部网络还有内部包过滤路由器对其实施保护没有暴露，所以屏蔽子网防火墙被公认为是目前最安全的防火墙系统之一。

第六节　安全扫描技术

安全扫描技术就是对计算机系统或者是网络设备进行安全相关的检测，寻找可能对系统造成损害的安全漏洞。

安全扫描技术一般分为主机安全扫描技术和网络安全扫描技术两大类。主机安全扫描技术侧重于主机系统平台的安全性以及基于平台的应用系统安全性，网络安全扫描技术侧重于系统提供的网络应用、网络服务及相关的协议分析等。下面主要介绍网络安全扫描技术。

一、网络安全扫描技术概述

网络安全扫描技术就是通过各种技术手段和方法找出网络系统中存在的安全隐患，以便及时进行修复，防范攻击。利用网络安全扫描技术，网络管理员可以了解网络的配置、各种应用及服务的运行情况，及时发现安全漏洞，客观评估网络风险等级，在黑客攻击前及时进行防范①。

网络安全扫描技术是网络安全中的一个重要组成部分，它与防火墙技术及入侵检测技术等相配合，能够极大地提高网络系统的安全性。

二、网络安全扫描的基本步骤

网络安全扫描的基本步骤如下：发现目标主机或网络；进行目标信息搜集，包括目标的操作系统类型、CPU 的型号、运行的服务、服务软件的版本、网络的拓扑结构和路由设备等信息；根据搜集到的信息进行分析判断，或者进一步测试，以便找出安全漏洞。

① 岳建平，徐佳 . 安全监测技术与应用 [M]. 武汉：武汉大学出版社，2018.

三、网络安全扫描技术

端口扫描技术和漏洞扫描技术是网络安全扫描技术中影响最大、运用最广泛的两种安全扫描技术。

（一）端口扫描技术

在 TCP/IP 协议中，为了使各种服务能够协调一致地运行，每种服务都定义了相应的端口，即 TCP 协议端口。每个端口号具有唯一的号码，如 www 服务的端口号是 80，SMTP 服务的端口号是 25。TCP/IP 网络中的每个进程都需要有唯一的标志，这个标志包括协议、IP 地址和端口号三部分。客户端程序需要通过这个标志与服务器端的程序进行连接和信息交换。因此，端口就是一个潜在的通信通道。

对目标计算机进行端口扫描，一般是发送探测数据包，通过目标主机的响应来判断服务端口是否打开，从而发现目标主机所提供的服务或信息。

根据扫描方法的不同，端口扫描分为全开扫描（Open Scanning）和半开扫描（Half-open Scanning）等。

1. 全开扫描

全开扫描通过完全的三次握手过程，建立标准的 TCP 连接来检查目标主机的端口开放情况。如果被扫描的目标主机相应端口是打开的，那么目标主机将会给出 SYN/ACK 应答；如果被扫描的目标主机的相应端口是关闭的，那么主机将会给出 RST/ACK 应答。

全开扫描的优点是速度快、精确度高、无须特殊权限；缺点是易被检测且不能进行地址欺骗。

2. 半开扫描

半开扫描，是指在一个 TCP 连接过程中，扫描主机和目标主机的一端口建立连接时只完成了前两次握手，而第三次握手被扫描主机单方面中断的端口扫描。由于半开扫描中，TCP 连接没有完全建立起来，因此这种扫描不会被目标主机跟踪记录，还可以有效地避开基于连接的入侵检测系统的探测。目前半开扫描有 SYN 扫描、IP 头 dumb 扫描等。SYN 扫描的基本工作过程与完整的 TCP 连接的三次握手过程非常相似，如果目标主机的端口是打开的，那么在第三次握手时，目标主机发送 RST 应答（而不是正常连接建立时的 ACK 应答）；否则就不发送应答，表示目标主机的端口是关闭的。

SYN 扫描的主要优点是速度快，能够绕开基本的入侵检测系统；主要缺点是扫描主机构造扫描数据包时，通常需要超级用户权限，入侵检测系统也可能会阻止大量的 SYN 扫描。

（二）漏洞扫描技术

漏洞扫描是将端口扫描得到的目标主机端口状态和相应的网络服务信息与漏洞扫描系统的漏洞库进行匹配，查看是否存在满足匹配条件的漏洞；并模拟黑客的攻击手法，对目标主机系统进行攻击性的安全漏洞扫描，如果模拟攻击成功，则表明目标主机系统存在安全漏洞。

漏洞扫描可以分为基于漏洞库扫描和无相应漏洞库扫描两大类。基于漏洞库扫描有 CGI 漏洞扫描、POP3 漏洞扫描、FTP 漏洞扫描、SSH 漏洞扫描、HTTP 漏洞扫描等。无相应漏洞库扫描有 Unicode 遍历目录漏洞探测、FTP 弱口令探测等。

网络安全扫描是一把双刃剑，管理员利用它可以发现系统中存在的安全隐患，防范黑客的侵入与攻击。而黑客利用它可以入侵系统，对系统的安全性构成威胁。因此，网络安全扫描有利有弊，要充分利用它的安全优势，防范网络安全风险，防止黑客攻击，保障网络系统的安全。

第七节　入侵检测技术

入侵检测技术（Intrusion Detection Technology，IDT）是一种用于检测计算机系统及网络中违反安全策略行为的技术，是保证计算机系统及网络系统动态安全性的核心技术之一。入侵检测技术被认为是继防火墙之后的计算机系统及网络的第二道安全闸门，是防火墙的合理补充。该技术通过对计算机系统及网络的实时监控，及时发现入侵行为，采取应对措施，从而实现对内部攻击、外部攻击和误操作的实时保护，使系统的安全性得到极大提高。

入侵检测系统（Intrusion Detection System，IDS）是由入侵检测软件及硬件构成的系统，它能够依照一定的安全策略，对计算机系统及网络的运行状况进行实时监控，一旦发现有可疑行为或者是各种攻击企图，就立即采取相应的安全应对措施，如报警、记录或切断网络连接等。入侵检测系统不仅能够在攻击对系统产生危害前发现攻击行为、采取相应的措施予以保护、减少攻击所造成的危害，而且能够在攻击发生后，通过收集与分析入侵攻击信息对模式库内容进行更新，增强系统的应变与防范能力。

一、入侵检测系统的工作过程

入侵检测系统的工作过程大致包括三个基本步骤。

（一）信息收集

信息收集是入侵检测的第一步，也是非常重要的一步。因为信息收集的及时准确是入侵检测系统正常工作的基础和前提。信息收集的内容包括系统、网络、数据、用户连接活动的状态和行为等。收集地点一般设在计算机系统或网络的若干关键点位①。

（二）信息分析

信息分析就是对上述收集到的信息进行分析，从而判断是否有入侵行为发生。信息分析一般采用模式匹配法、统计分析法或完整性分析法等。其中，模式匹配法是将收集到的信息与已知的网络入侵和系统误用模式数据库进行比较，通过比较来发现入侵行为；统计分析法是通过分析属性平均值是否在正常偏差范围内来发现入侵行为，具体有基于专家系统的统计分析法、基于模型推理的统计分析法和基于神经网络的统计分析法等；完整性分析法是通过观察对象的完整性是否受到破坏来发现入侵行为。

模式匹配法和统计分析法通常运用于实时的入侵检测，而完整性分析法则常用于事后的分析。

（三）采取应对措施

通过上述的信息分析，一旦发现有入侵行为，就立即采取应对措施，如报警、记录或切断网络连接等，保证计算机系统及网络资源的安全可靠。

二、入侵检测系统的主要功能

为了实现入侵检测，提高系统的安全可靠性，入侵检测系统应当具备如下一些基本功能：对入侵行为进行实时的检测与报警；采取相应措施，阻止入侵行为，减少攻击造成的损失；记录入侵行为，为事后追查与分析提供线索和依据；分析

① 刘飞飞 . 入侵检测理论及关键技术研究 [M]. 合肥：合肥工业大学出版社，2019.

入侵行为，为完善安全防御系统提供服务；核查系统配置及漏洞，评估系统关键资源和数据文件的完整性。

三、入侵检测技术分类

根据检测对象不同，入侵检测系统可以分为基于主机的入侵检测系统和基于网络的入侵检测系统两大类。

（一）基于主机的入侵检测系统

基于主机的入侵检测系统通过监视主机的工作状态和分析主机的审计记录来发现入侵攻击行为，并采取应对措施。基于主机的入侵检测系统一般安装在重点检测的主机上，其优点是检测准确率高、误报率低、入侵分析代价小、速度快等；其主要缺点是过多地依赖主机的审计记录，对于部分能够避开审计记录的攻击检测不到。

（二）基于网络的入侵检测系统

基于网络的入侵检测系统通过侦听与分析网络中传输的数据来发现可疑现象，确定入侵攻击。目前，基于网络的入侵检测系统不仅要对网络中传输的数据进行采集与分析，而且要对指定的若干主机的审计记录进行分析，从中发现入侵行为。基于网络的入侵检测系统的主要优点是有独立于主机的操作系统、配置简单方便、入侵检测能力强。

第八节　病毒防范技术

计算机病毒是威胁计算机系统安全和网络安全的一个重要因素，当今网络已经成为信息社会的重要基础设施，病毒通过网络传播使其危及的范围更广、危害性更大。因此，做好病毒防范工作是提高计算机系统安全性和网络安全性的基本方法之一。

一、病毒概述

计算机病毒的概念最早是由美国学者弗莱德·科恩（Fred Cohen）于1983年11月在一次国际计算机安全学术会议上提出的，但是当时并未引起学术界的重视。

1987 年，第一个计算机病毒 C-BRAIN 诞生；1988 年，第一个网络传播的“蠕虫病毒”诞生，这一发生在美国的“蠕虫病毒”事件，使得当时连入因特网的数千台计算机停止运行，造成了巨大的经济损失，从此计算机病毒扩散速度之快、范围之广、危害之大，引起了人们的高度重视[①]。

对计算机病毒的定义有许多种，简单地讲，计算机病毒就是某些怀有不同目的的人利用计算机软件和硬件所固有的脆弱性而专门编制的具有特殊功能的计算机程序。从广义上讲，凡是能够引起计算机故障、破坏计算机系统资源的程序统称为计算机病毒。因此，特洛伊木马、蠕虫病毒、脚本病毒等都属于计算机病毒的范畴。

二、病毒的工作原理

病毒本身就是一级计算机指令或程序代码，一般由三个基本部分组成，即引导部分、传染部分和破坏部分。

（一）引导部分

引导部分是病毒的初始化部分，它随着宿主程序的执行而进入内存，负责病毒的初始化及组装工作，如进行环境初始化、引入传染部分和破坏部分等。

（二）传染部分

传染部分依附在引导部分后面，作用是将病毒程序传染到目标上去。但是在尚未进入内存前，传染部分处于静止状态，不具备传染性。只有进入内存并被激活后，才由静止状态转为活动状态，并开始向外进行病毒的传播。

（三）破坏部分

破坏部分也是依附在引导部分后面，是实现病毒制造者破坏意图的部分。它同传染部分一样，在尚未进入内存前或者不满足触发条件时处于静止状态，不具备破坏性。而一旦进入内存并满足了触发条件，就开始发作，破坏被传染的系统，或者在被传染的系统上表现出特定的现象。

总之，当计算机执行病毒所依附的程序时，病毒程序就获取了对计算机的控制权，开始执行它的引导部分，然后根据条件是否满足调用传染部分和破坏部分。通常情况下，传染条件容易满足，因此病毒的传染比破坏来得容易。在病毒的破

① 赖英旭. 计算机病毒与防范技术 [M]. 北京：清华大学出版社，2019.

坏条件未被满足时，病毒处于潜伏状态。

三、病毒检测技术

病毒检测技术是通过对计算机病毒特征的检测来发现病毒的技术，但是自计算机病毒被发现以来，病毒的种类以几何级数在增长，并且病毒的机制和变种也在不断地演变，给检测病毒带来了很大难度。

目前常用的病毒检测方法主要有比较法、特征代码法、分析法、行为检测法和软件仿真扫描法等。此处详细介绍一下比较法、特征代码法和分析法。

（一）比较法

比较法是通过比较原始文件与被检测对象文件的大小来发现病毒的。该方法是早期病毒检测的一种常用方法，优点是简单、易于实现，并且不需要专用的查病毒软件，还能够发现一些目前尚不能被现有查病毒软件发现的病毒；缺点是对于不改变文件长度的病毒无能为力，无法确认病毒的种类与名称，误报率较高。

（二）特征代码法

特征代码法是利用已知的每种病毒特征代码对被检测的对象进行扫描，如果在被检测对象内部发现了某种特征代码，就表明该对象被病毒感染了。实现特征代码法的软件由病毒特征代码库和扫描程序两部分组成。其中，病毒特征代码库是由经过特别抽取的各种计算机病毒的特征代码组成的数据库。

目前常见的防病毒软件对已知病毒的检测大多采用此方法。特征代码法的检测效率完全取决于病毒特征代码库中特征代码的数量和质量。因此，对病毒的特征代码的抽取非常重要，既要能够充分反映病毒的唯一特征，又要保证代码不能太长，否则特征代码库会占用过大的空间，影响检测的速度和效率。

特征代码法的优点是检测的速度快，准确率高，能够识别的病毒种类多；缺点是不能检测未知病毒，对病毒的特征代码的抽取比较困难，病毒特征代码库需要不断更新和升级。

（三）分析法

分析法是专业人士常用的一种病毒检测方法。因为该方法要求使用人员必须具备比较全面的有关计算机硬件、操作系统、网络及有关病毒检测与防范方面的各种知识，并且能够熟练掌握各种分析工具，如反汇编工具、二进制文件编辑器和专用的分析软件等。

四、病毒的防范

病毒防范不仅涉及防范技术，还包括应当采取的防范措施等内容。

（一）病毒预防技术

预防是对付病毒的最理想的方法之一。病毒预防的技术是通过预防系统自身首先驻留计算机系统内存，优先获得对系统的控制权，并对系统进行监视来判断是否有病毒存在的可能，进而阻止病毒进入计算机系统及对计算机系统进行破坏。

常见的病毒预防技术主要包括信息加密、系统引导区保护、系统监控及读写控制等。

（二）病毒防范措施

为了防范病毒，除需要各种防范技术支持外，还需要认真落实以下措施：加强管理，提高认识。制定严格的管理规章制度，加强相关人员的计算机安全教育，严格操作规范；安装防病毒软件，并及时进行更新。在安装防病毒软件前，要对系统进行彻底扫描，确保系统在安装之前没被病毒感染；严禁使用盗版软件和来历不明的软件，严禁在计算机上玩游戏，对外来软件和文件要进行病毒检测；对执行重要工作的计算机实行专机专用；限制在计算机网络上交换可执行的代码；经常对系统中的重要文件和数据进行备份，为系统恢复作准备；安装防病毒软件或防火墙，并经常进行升级，定期或随机进行病毒的检测与清除；对来历不明的电子邮件，特别是对带有可执行文件附件的电子邮件不要轻易打开；对于联网的计算机，注意访问控制策略的实施情况，严禁任何未授权访问的情况发生；采取病毒入侵应急措施，减少病毒造成的损失。

总之，计算机病毒的防范是一项庞大的系统工程，除了需要有相关的防范技术支持外，还需要有相应的措施作保障。只有这样才能给计算机系统、网络系统及其应用系统营造一个洁净而安全的环境。

第六章　云计算安全

第一节　云计算安全概述

由于云计算的一些特性和现有的IT模式有很大的差异，特别是数据和应用都存储和运行在远端的云计算中心，而不是在传统的企业数据中心内，所以云计算自诞生之后，在安全方面就受到了极大的非议。通过多次对企业CIO主管和业务线同事的调查可知，企业在打算运作云平台时，企业的数据安全、业务的连贯性等能否得到有效的保障，这些都是云计算技术需要考虑的基本问题。因此，安全问题作为云计算的最大挑战，排在第一位。

云计算、云服务的安全除了相关的技术因素之外，还包括云服务提供商如何进行安全管理以满足企业在治理、信息安全、审计与合规性方面的要求。

和云计算的定义一样，关于云计算安全业界也没有统一的定义，但基本上也都差不多，可以总结为云计算安全就是确保用户在稳定和私密的情况下在云计算中心上运行应用，并保证存储于云中的数据的完整性和机密性。

关于云计算安全问题，业界诸多传统IT硬件和服务供应商都推出了自己的私有云解决方案，通过这种解决方案，能够在基本不影响企业现有IT安全模式的情况下，在企业数据中心引入云计算能力，但在成本和维护等方面有一定的瑕疵。从长远来看，公有云在成本等方面存在明显的优势，因此，公有云肯定将成为主流。所以笔者在这里所提的云计算主要是指公有云这种模式。

一、云安全的概念

“云安全”最初是由传统防病毒厂商提出来的，主要思路是将用户和厂商安全中心平台通过互联网紧密相连，组成一个庞大的病毒、木马、恶意软件检测、查杀的“安全云”，每个用户都是“安全云”中的一个节点，用户在为整个“安全云”网络提供服务的同时，也分享其他所有用户的安全成果。这只是云计算概念在安全领域的一个应用[①]。

当前主流云计算服务提供商及研究机构更为关注的是云计算应用自身的安全。从完整意义上讲，"云安全"应该包含两个方面的含义：一是"云上的安全"，即云计算应用自身的安全，如云计算应用系统及服务安全、云计算用户信息安全等；二是云计算技术在网络信息安全领域的具体应用，即通过采用云计算技术来提升网络信息安全系统的服务效能，如基于云计算的防病毒技术、木马检测技术等。前者是各类云计算应用健康、可持续发展的基础，简称为"云安全"；后者是当前网络信息安全领域最为关注的技术热点，定义为"安全云"。

许多人对于"云安全"和"安全云"这两个名词的区别不是特别清楚，其实广义的"云安全"同时包含了这两个概念。"云安全"是指云计算基础架构的安全防护，"安全云"是安全领域利用云计算技术强化对抗新兴威胁的能力。事实上，"安全云"的概念可进一步从软件和服务两个角度进行细化。前者以采用"云杀毒"或"云端信誉评级"技术的防毒软件为代表；后者是将安全产品云化，以服务的形式提供，用户不需要自行采购与维护安全设备，不但可以大量降低用户管理负担，还可以通过服务厂商的专业及连续服务（全年无休的服务）获得更完善的安全防护。

二、云安全常见问题

云计算所带来的安全问题主要包括以下几个方面。

（一）云计算资源的滥用

由于通过云计算服务可以用极低的成本轻易取得大量计算资源，于是有的黑客就利用计算资源进行滥发垃圾邮件、破解密码及作为僵尸网络控制主机等恶意行为。滥用云计算资源的行为，极有可能造成云服务供应商的网络地址被列入黑名单，导致其他用户无法正常访问云端资源。此外，当云计算资源遭滥用作为网络犯罪工具后，执法机关介入调查时，为保全证据，有可能导致其他用户的服务中断，甚至导致该数据中心许多用户的服务被中断。

（二）云服务供应商信任问题

传统数据中心的环境中，员工泄密的事情时有发生，同样的问题也极有可能发生在云计算的环境中。此外，云计算供应商可能同时经营多项业务，在一些业

① 卿昱. 云计算安全技术 [M]. 北京：国防工业出版社，2016.

务和计划开拓的市场甚至可能与客户有竞争关系，可能存在巨大的利益冲突，这将大幅增加云计算服务供应商内部员工窃取客户资料的动机。某些云服务供应商对客户知识产权的保护是有限制的。选择云服务供应商除了应避免竞争关系外，也应该审慎阅读云服务供应商提供的合约内容。另外，一些云服务供应商所在国家法律规定，允许执法机关未经客户授权，直接对数据中心的资料进行调查，这也是选择云服务供应商时必须注意的。

（三）数据取证与多方审计问题

云计算中用户数据不再被用户本地拥有，因此需要有方法让用户确信他们的数据被正确地存储和处理，即进行完整性验证。另外，从涉及数据安全和使用的法律及网络舱管角度看，也需要一种机制能够远程公开地对数据进行审计，并且这种审计必须以不泄漏用户的隐私信息为前提。

在云计算环境中，涉及供应商与用户间的双向审计问题，因此对云计算的审计远比传统数据中心的审计来得复杂。国内对云计算审计的讨论，很多都是集中在用户对云服务供应商的审计上。而在云计算环境中，云服务供应商也必须对用户进行审计，以保护其他用户和自身的商誉。另外，在某些安全事故中，审计对象可能涉及多个用户，复杂度更高。为维护审计结果的公信力，审计行为可能由独立的第三方执行，云服务供应商应记录并维护审计过程中所有的稽核轨迹。如何有效地进行多方审计，仍然是云安全中的重要议题。

（四）隐私保护问题

在云计算环境中，一个最重要的特征就是用户数据不再存放于本地，而是存放到云端，其中的敏感数据会带来隐私保护问题。虽然很多云安全指南建议人们不要将敏感数据放到云端，然而这并不是长久的解决之道，而且会抵消云计算带来的好处，阻碍云计算的进一步发展。因此，采用何种方法保护用户隐私，成为当今研究的一个热点。另外，数据存放到云端，用户在利用云服务使用数据时，需要根据使用情况来付费，而且部分的本地地方法律以及商业运营也对数据的存放和使用有一定的需求，这就需要有有效的机制，在不泄漏敏感数据内容的基础上，对数据的存放和使用进行监控和审核。

（五）数据风险问题

数据风险包括数据所处风险、数据隔离风险和数据恢复风险。下面分别介绍这三种风险问题。

1. 数据所处风险

当企业用户使用云计算服务时，他们并不清楚自己的数据被放置在哪台服务器上，甚至根本不了解这台服务器放置在哪个国家。出于数据安全考虑，企业用户在选择使用云计算服务之前，应事先向云计算服务商了解相关问题，比如：这些服务商是否从属于服务器放置地所在国的司法管辖；在这些国家展开调查时，云计算服务商是否有权拒绝提交所托管数据，等等。这就是数据所处风险问题。

2. 数据隔离风险

在云计算服务平台中，大量企业用户的数据处于共享环境下，即使采用数据加密方式，也不能保证做到万无一失，这就是数据隔离风险问题。美国知名市场研究公司 Gartner 认为，解决该问题的最佳方案是将自己的数据与其他企业用户的数据隔离开来。Gartner 报告称，数据加密在很多情况下无效，而且数据加密后，又将降低数据使用的效率。

3. 数据恢复风险

即使企业用户了解自己的数据被放置到哪台服务器上，也得要求服务商作出承诺，必须对所托管的数据进行备份，以防止出现重大事故时，企业用户的数据无法得到恢复。因此，企业用户不但需要了解服务商是否具有数据恢复的能力，而且还必须知道服务商能在多长时间内完成数据恢复。此外，云服务供应商也有可能因为经营不善宣告倒闭而无法继续提供服务。这些都是数据恢复风险问题。对于此类安全问题，用户必须考虑数据备份计划。

另外需要注意的是，当不再使用某一云服务供应商的服务时，如何能确保相关的数据（尤其是备份数据）已被完全删除，这是对用户数据隐私保护的极大挑战。这还有待于供应商安全管理体系的完善及审计制度的建立。

三、云安全面临的挑战

作为一种新的计算模式，云安全面临的挑战是复杂多样的，其主要体现在以下几方面。

（一）对云计算数据安全的担心

1. 使用云模式

用户失去对物理安全的控制。在一个公共的云中，多个用户共享计算资源。

用户无法知道或者控制资源运行在哪里。当另一个客户违反了法律时，可能会让相关机构以“合理的理由”扣押你的资产。

2. 数据转移问题

由于目前云供应商提供的存储服务大多不兼容，当用户决定从一个供应商转移到另一个供应商时，会遇到一定的困难，甚至是丢失数据。

3. 数据加密问题

一般而言，对静态数据的加密是可行的。但在云计算的应用程序中对静态数据加密在很多情况下是行不通的。因为基于云计算的应用程序使用的静态数据加密后将导致无法对数据进行处理、索引和查询，这也就意味着云计算数据生命周期的部分阶段都会处于未加密状态，至少在数据处理阶段是未加密的。而且即使要加密，谁来控制加密 / 解密密钥？是客户还是云供应商呢？这个问题值得考虑。

4. 数据完整性问题

数据保密并不意味着数据完整，单单使用加密技术可以保证保密性，但完整性还需要使用消息认证码，它需要大量的加密钥、解密钥，而密钥的管理是一大难题。另外，在云计算中会涉及海量的数据，用户如何检查存储数据的完整性，这也是个重要问题。迁移数据进出云计算不仅需要支付费用，同时也会消耗用户自己的网络利用率。其实用户真正想要的是在云计算环境中直接验证存储数据的完整性，而不需要先下载数据然后再重新上传数据，但这又不太现实。更为严重的是，必须在无法全面了解整个数据集的情况下，验证数据在云计算中的完整性。用户一般不知道他们的数据存储在哪个物理机器上，或者哪些系统安放在何处。而且数据集可能是动态地频繁变化的，这些频繁的变化使得传统保证完整性的技术无法发挥效果。

5. 数据控制难

在云计算中，大多的业务均采用外包的形式。外包意味着失去对数据的根本控制，虽然从安全角度看这不是个好办法，但为了减轻企业负担，仍将继续加大对这些服务的使用。

（二）云模式下开发应用带来的安全挑战

1. 代码兼容问题

在云模式下，意味着需要较少的软件开发。如果用户计划在云中使用内部开发的代码，就会涉及多种代码的组合和兼容问题，而混合技术的不成熟将不可避免地导致在这些应用程序中引入不为人知的安全漏洞。

2. 日志管理问题

随着越来越多的任务关键过程被迁移到云端，云计算的供应商不得不以实时的、直接的方式，为他们的管理员以及客户提供日志。这些日志涉及很多的用户隐私，由于提供商的日志是内部的，它不一定能被外部或由客户调查访问。如何确保这些日志不被滥用、如何规范监控云，确实是个难题。

3. 云应用升级问题

云应用不断地增加功能，用户必须跟上应用的改进，以确保它们得到保护。云中应用改变的速度会影响 SDLC（安全软件开发生命周期）和软件安全。比如有些公司的 SDLC 假定任务关键软件将有 3 ~ 5 年的周期，在此期间它将不会发生重大变化，但云可能需要应用程序每隔几周就发生变化。这意味着用户必须不断升级，因为旧版本可能无法正常运行或保护数据。

（三）虚拟化技术对云计算的安全挑战

在云中虚拟化的效率要求多个组织的虚拟机共存于同一物理资源上。虽然传统的数据中心的安全仍然适用于云环境，但是物理隔离和基于硬件的安全不能保护和防止在同一服务器上虚拟机之间的攻击。管理访问是通过互联网，而不是传统数据中心模式中坚持的受控制的和限制的直接或到现场的连接，这就增加了云应用的风险和信息暴露的机会，因此需要对系统控制和访问控制限制的变化进行严密监控。

虚拟机的动态和移动性难以保持安全的一致性并确保记录的可审计性。在物理服务器之间克隆和发布可能导致配置错误和其他安全漏洞的传播。证明系统的安全状态并确定一个不安全的虚拟机将会是充满挑战的。不论虚拟机在虚拟环境中的位置如何，入侵检测和防御系统都需要能够在虚拟机水平检测恶意活动。多台虚拟机共存增加了对虚拟机的危害攻击面和应用的风险。

本地化的虚拟机和物理服务器使用相同的操作系统，以及企业和云服务器环境的 Web 应用程序，增加了攻击者或恶意软件利用这些系统和应用程序中漏洞的远程威胁。当它们在私有云和公众云之间移动时，虚拟机很容易受到攻击。一个完全或部分共享的云环境可能有更大的攻击面，因此可以认为专用的资源环境有更大的风险。

操作系统和应用程序文件在一个虚拟化云环境中共享的物理基础设施上运

行，并要求系统、文件和活动监测提供给企业客户有信心和可审计的证据，证明他们的资源没有被泄露或篡改。在云计算环境中，企业订购云计算资源，打补丁的责任在用户，而不在云计算供应商。对于补丁的维护必须保持警惕。在这方面缺乏应有的努力可能使任务迅速变得不可管理或不可能完成，留给用户的是“虚拟补丁”成为唯一的选择。

（四）法律政策和标准尚不成熟

随着时间的推移，大多数企业的业务都必须转移到云端，在云中会使得遵守法规和行业标准的过程更为复杂，也将更具挑战性。因为它可能使客户难以辨别其数据是在云服务供应商还是在供应商合作伙伴控制的网络上，这提出了数据隐私、隔离和安全性的各种法规遵守问题。许多法规有数据不能与其他数据混杂的规定，如在共享的服务器或数据库上不允许某些数据混杂。有些国家严格限制关于其本国公民的哪些数据可以保存多长时间，有些银行监管要求客户的财务数据保留在本国。因此，政府的政策需要改变，以响应云计算带来的机会和威胁。这可能会集中于个人数据离岸和隐私的保护，如果数据是由第三方或转移到海外另一个国家控制的，其安全性都将会相应降低。同时，目前各种云标准林立、互不兼容，导致业务割裂、系统混乱。

（五）云计算的稳定性和可靠性问题

适当的故障恢复技术是一个常常被忽视的云安全的组成部分。如果一个做关键任务的应用程序下线，公司仍能够生存，但是对于关键任务应用，这可能并非如此。主营业务实践提供了竞争差异。安全需要达到数据级，企业需要确保数据在所有的地方都得到保护，敏感数据是由企业而不是云计算供应商负责的。

四、云安全性的优势

并不是说用户的数据在云上是不安全的，提供商会竭尽所能确保用户数据的安全性，否则会出现口头传播，并且会逐渐失去稳定的业务关系。在安全性方面，云计算并不是一无是处，它具有很多优势，主要体现在以下几个方面。

（一）管理方面

使用云计算能摆脱之前 IT 数据中心常见的异构性和复杂性，并且所有的服务都通过一个云系统提供，这样就能够统一监管服务，简化了管理的复杂度，从而降低了缺陷和漏洞存在的概率。另外，只要在服务的多个层次中加入探针，就能完善地记录整个系统的运行，这样任何应用和数据的访问和使用都会被记录在案，不需要烦琐的条例，只需要查看日志即可以让任何犯罪和异常无所遁形。

（二）容灾方面

由于资金和技术等原因，大多数企业不会为容灾而建立多个数据中心。但是对于云计算供应商来说，多个数据中心是一个非常标准的配置，这样当一个数据中心出现问题的时候，也能保证服务稳定地运行。

（三）信誉方面

虽然现在的云计算供应商主要以大型的 IT 企业和传统的 IDC 供应商为主，但是随着云计算的不断发展，今后的供应商将以传统的电信企业为主。这样就使这些电信公司能以接近国家级的信用来确保其服务的质量，让用户对使用云计算服务更有信心。

第二节　云计算安全问题

早期的互联网主要以木马、蠕虫或其他病毒获取操作系统权限，以体现个人能力为目的，威胁网络安全。随着云计算的发展，在利益的驱使下，黑客形成了一套完整的产业链，以大流量的 DDoS 攻击、篡改网站、暴力破解、窃取数据、贩卖数据为目标，变得更隐蔽。典型事件如下。

一、2014 年 4 月爆发了震惊互联网的 Heartbleed 漏洞

OpenSSL 不断被爆出大范围漏洞，该漏洞是近年来影响最广泛的高危漏洞，涉及各个门户网站，该漏洞可用于窃取服务器敏感信息，获取互联网交易中的用户名和密码，从而对电商、网银、金融等互联网企业和个人造成经济损失[①]。

二、2016 年 5 月，俄罗斯黑客策划并实现了一场大规模的数据泄露事故

在此次网络攻击中，黑客盗取了 2.723 亿个账号，以俄罗斯最受欢迎的电子邮

① 何宝宏，黄伟．云计算与信息安全通识 [M]. 北京：机械工业出版社，2020.

件服务 Mail.ru 用户为主，此外还有 Gmail 地址、雅虎以及微软电邮 Hotmail 用户。

三、2016 年的 DDoS 攻击

其中最典型的是 Dyn 事件。2016 年 10 月 21 日，提供动态 DNS 服务的 Dyn DNS 遭到了大规模 DDoS 攻击，攻击主要影响其位于美国东区的服务。此次攻击导致许多使用 Dyn DNS 服务的网站遭遇访问问题，其中包括 GitHub、Twitter、Airbnb、Reddit、Freshbooks、Heroku.Sound Cloud。攻击导致这些网站一度瘫痪，Twitter 甚至出现了近 24 小时无法访问的局面。

四、2017 年 5 月 12 日，新型“蠕虫”式勒索病毒爆发

不法分子利用 NSA 泄露的危险漏洞“Eternal Blue（永恒之蓝）”进行传播。全球至少 150 个国家、30 万用户中毒，被感染后，受害者电脑会被黑客锁定，大量重要文件被加密，提示需要支付价值相当于 300 美元的比特币才可解锁。而如果在 72 小时之内不支付，这一数额将会翻倍，一周之内不支付将会无法解锁。

在传统的信息安全时代主要采用隔离作为安全的手段，具体分为物理隔离、内外网隔离、加密隔离，实践证明这种隔离手段针对传统 IT 架构能起到有效的防护。同时，这种以隔离为主的安全体系催生了一批以硬件销售为主的安全公司，例如各种 Fire Wall（防火墙）、IDS/IPS（入侵检测系统 / 入侵防御系统）、WAF（Web 应用防火墙）、UTM（统一威胁管理）、SSL 网关、加密机等。这种隔离思想导致了长久以来信息安全和应用相对独立地发展，结果是传统信息安全表现出分散、对应用的封闭和硬件厂商强耦合的特点。

但随着云计算的兴起，这种以隔离为主体思想的传统信息安全在新的 IT 架构中已经日益难以应对了。公有云的典型场景是多租户共享，但和传统 IT 架构相比，原来的可信边界彻底被打破了，威胁可能直接来自相邻租户。攻击者一旦通过某 Oday 漏洞实现虚拟逃逸到宿主机，就可以控制这台宿主机上的所有虚拟机。同时更致命的是，多个集群节点间通信的 API 默认都是可信的，因此可以从这台宿主机与集群消息队列交互，进而集群消息队列会被攻击者控制，导致整个系统受到威胁。

而从用户的角度来看，未来安全设备的开放化、可编程化很可能是个趋势，软件定义信息安全（Software Defined Information Security，SDIS）这个概念正是为用户的这种诉求而生。它的精髓在于打破了安全设备的生态封闭性，在尽量实

现最小开放原则的同时，使得安全设备之间或安全设备与应用软件间有效地互动以提升整体安全性，而非简单地理解为增加了安全设备的风险敞口。SDIS 是一种应用信息安全的设计理念，是一种架构思想，这种思想可以落地为具体的架构设计。因此从信息安全自身发展来看，只有建立从硬件层、网络层、应用层和主机层的多个层面的安全防御体系，才能面对未来的威胁。

云计算在各方面与传统 IT 相比发生了变化，势必带来新的问题。由于大数据的存在，云安全变得比以往更加复杂。犯罪分子可能利用大数据的分析，对用户的密码、IP、邮件等重要敏感信息进行恶意攻击、分析用户的行为等，产生恶意的行为数据库、样本库、漏洞库等。

第三节　云计算带来新的安全威胁及其产生原因

一、云计算带来新的安全威胁

云计算面临的主要安全威胁包括：数据泄露、数据丢失、流量劫持，大流量 DDoS 攻击、SQL 注入攻击、暴力破解攻击、木马、XSS 攻击、网络钓鱼攻击等，审计不到位、内部员工越权、滥用权力、操作失误等，云服务中断、滥用云服务、多租户隔离失败，安全责任界定不清，不安全的接口[①]。

除了应对以上的安全威胁，云计算按照不同的层面，还面临新的安全威胁与挑战。

（一）网络层次

1. 更容易遭受网络攻击

云计算必须基于随时可以接入的网络，便于用户通过网络接入，方便地使用云计算资源。云计算资源的分布式部署使路由、域名配置更加复杂，更容易遭受网络攻击，如 DNS 攻击和 DDoS 攻击。而对于 IaaS，DDoS 攻击不仅来自外部网络，也容易来自内部网络。

2. 隔离模型变化形成安全漏洞

企业网络通常采用物理隔离等高安全手段，保证不同安全级别的组织或部门

① 何进. 基于云计算网络安全研究 [D]. 成都：电子科技大学，2016.

的信息安全，但云计算采用逻辑隔离的手段隔离不同企业，以及企业内部不同的组织与部门。用逻辑隔离代替物理隔离，使企业网络原有的隔离产生安全漏洞。

3. 资源共享风险

多租户共享计算资源带来了更大的风险，包括隔离措施不当造成的用户数据泄露、用户遭受相同物理环境下的其他恶意用户攻击；网络防火墙 /IPS（Intrusion Prevention System，入侵防御系统）虚拟化能力不足，导致已建立的静态网络分区与隔离模型不能满足动态资源共享需求。

（二）主机层次

1. Hypervisor 的安全威胁

Hypervisor 是虚拟化的核心，可以捕获 CPU 指令，为指令访问硬件控制器和外设充当中介，协调所有的资源分配，运行在比操作系统特权还高的最高优先级上。一旦 Hypervisor 被攻击破解，在 Hypervisor 上的所有虚拟机将无任何安全保障，直接处于攻击之下。

2. 虚拟机的安全威胁

虚拟机动态地被创建、被迁移，虚拟机的安全措施必须相应地自动创建、自动迁移。在虚拟机没有安全措施保护或安全措施没有自动创建时，容易导致接入和管理虚拟机的密钥被盗，未及时打补丁的服务（FTP、SSH 等）遭受攻击，弱密码或者无密码的账号被盗用，没有主机防火墙保护的系统会遭受攻击。

（三）应用层次

基于云计算接口的开放性，基础设施提供商与应用提供商很可能是不同的组织，应用软件也被云调度到不同的虚拟机上分布式运行，所以应用安全必须考虑基础设施与应用软件配合后的安全能力，如果配合不好，会产生很多安全漏洞。

1. 静态数据的安全威胁

静态数据可以加密保存，如简单对象存储业务，用户通过客户端加密数据，然后将数据存储到公有云中，用户的数据密钥保存在客户端，云端无法获取密钥并对数据进行解密。这种加密方式提高了密钥的私密性、安全性，但限制了云对数据的处理，在某些场景下，如计算业务，云端没有数据密钥则无法对数据进行处理。

2. 数据处理过程的安全威胁

数据在云中处理，数据是不加密的，可能被其他用户、管理员或者操作员获取到。数据在用户自己的设备上处理则不存在这种威胁。

3. 数据线索的挑战

虚拟化、热迁移、分布式处理等技术的应用，导致在不同的时间里，数据在云中的处理位置并不相同。在某一时刻，数据可能在虚拟机 A 上处理，但在另一时刻，数据可能被安排到虚拟机 B 上处理。这增加了跟踪数据线索的难度，对数据的真实性、完整性的证明都提出了更大的挑战。

4. 剩余数据保护

用户退租虚拟机后，该用户的数据就变成剩余数据，存放剩余数据的空间可以被释放给其他用户使用，如果数据没有经过处理，其他用户可能获取到原来用户的私密信息。

5. 接入安全管理

用户失去对资源的完全控制，对系统接入认证有了更高的要求和挑战。

二、产生云安全的主要原因

近些年来，互联网发展迅猛，有一部分人利用网络攻击牟取利益，这种攻击已经演变成完整的黑色产业链。攻击者在大流量网站的网页里注入木马，木马利用 Windows 平台的漏洞感染浏览网站的用户，用户的计算机一旦中了木马，就会被他人操作成为所谓的被控制对象，即“傀儡机”，然后将傀儡机出售给需要攻击的买家，买家利用一批受控制的机器（傀儡机）向目标机器发起攻击，来势迅猛的攻击令人难以防备。

由于云计算分布式架构的特点，数据可能存储在不同的地方，在数据安全方面风险最高的是数据泄露。用户虽然能够看到自己的数据，但是用户并不知道数据具体保存在什么位置，并且所有的数据都是由第三方来负责运营和维护的，甚至有的数据是以明文的形式保存在数据库中，数据被用于广告宣传或者其他商业目的。因此，数据泄露和用户对第三方维护的信任问题是云计算安全中考虑最多的问题。虽然数据中心的内、外硬件设备能够应对外来攻击以提供一定程度的保护，而且这种防护的级别比用户自己要高很多，但是和数据相关的安全事件在各大云计算厂商中还是尴尬地出现在公众面前。

从技术层面看，云安全体系建立不完善、产品技术实力薄弱、平台易用性较差，造成用户使用困难。从运维层面看，运维人员部署不规范，没有按照流程操作，缺乏经验，操作失误或违规滥用权利，致使敏感信息外泄。从用户层面看，用户安全意识差，没有养成良好的安全习惯，缺乏专业的安全管理；或有严格的规章制度但不执行，造成信息外泄等。三分技术，七分管理，严格的管理制度是整个系统安全的重要保障。

第四节　在云安全技术层面关注的内容

一、分布式拒绝服务

分布式拒绝服务（Distributed Denial of Service，DDoS）由最初简单的 DoS 利用单台计算机攻击方式发展到现在的 DDoS 分布式拒绝服务攻击。单一的 DoS 攻击一般采用一对一的模式，在计算机性能不高、网络处理能力有限的年代，攻击效果明显，但是随着计算机技术的不断发展，计算机硬件及网络处理能力大大增强，目标机器有很强的处理能力，单一的 DoS 攻击很难实现。因此用一台计算机攻击不行，那么就用 10 台、100 台计算机同时发起攻击，这就是 DDoS[①]。

简单地说，DDoS 是通过大量的合法访问请求导致目标计算机来不及响应后面的请求，造成后续访问请求不能被服务器及时回应，导致目标计算机 CPU、内存满负荷运转，应用繁忙和网络拥堵，结果在客户端造成不能访问服务器的现象。海量的 DDoS 危害是很大的，它可以直接阻塞互联网，因此具有较大的危害性。以前网络管理员对抗 DDoS 采取过滤 IP 地址的方式，但是由于 DDoS 利用受控制的傀儡机的 IP 地址作为源 IP 地址，所以很难采用以前过滤的方式处理和追查源 IP 地址。

DDoS 攻击类型包括 SYN Flood 占用连接数类型，UDP Flood、ICMP Flood 占用带宽类型和 HTTP Get Flood、HTTP Post Flood、DNS Flood 对应用层攻击等类型。SYN 攻击的主要过程如下。

在 TCP 协议中，为保证通信双方所传输数据的完整性和有效性，采用三次握手的机制来互相确认信息，从而建立一个可靠的连接。其中，SYN 是 TCP 连接建立过程中的握手信息。SYN 攻击是指利用 TCP 协议中握手机制的缺陷来对目标主机发起攻击。

① 莫有印，赵迅，卢星．计算机技术与云安全 [M]. 延吉：延边大学出版社，2019.

SYN Flood 攻击利用 TCP 协议三次握手的原理，发送大量伪造源 IP 的 SYN 包。服务器每接收到一个 SYN 包，都会为此开辟核心内存用于存放连接信息，这些连接信息存放在连接队列中，这时服务器如果接收到的 SYN 太多，队列受限于连接数的最大值，便产生溢出，操作系统会把正常的连接信息丢弃，造成正常用户不能连接。操作系统的核心内存是非常有限的，所以 SYN 攻击很容易让 80 端口的 Web 服务瘫痪。

在云平台中一次 DDoS 攻击包括多种类型，如 SYN、DNS、HTTP Flood 等混合攻击，它是对网络安全威胁最大的一种入侵攻击方式。阻止用户正常地访问网络资源，加剧网络延迟，由此引起两方面的问题：一方面会降低用户的上网体验，另一方面也给付费的用户造成一定的损失。一旦受到 DDoS 攻击，在云计算架构中多采取如下措施：当流量进入，使用 DDoS 硬件设备进行流量清洗；当流量过大，请运营商在入口进行流量清洗，使流量不能到达数据中心；如果上游运营商也无法承受时，协调资源，在各自的范围内控制攻击流量。

还有一种攻击却反其道而行之，它以慢著称，即慢速连接攻击，这种攻击很难防范。其基本原理是先建立 HTTP 连接，设置一个较大的 Content-length，每次只发送很少的字节，让服务器一直以为 HTTP 头部没有传输完成，服务器就保持连接等待状态，这样的连接一多很快就会出现连接耗尽，从而导致拒绝服务。HTTP 慢速的 Post 请求和慢速的 Read 请求都是基于相同的原理。慢速攻击也多种多样，其中包括 Slow headers、Slow read 等。

二、下一代防火墙

企业网络正向以移动宽带、大数据、社交化和云服务为核心的下一代网络演进。移动 App、Web 2.0、社交网络让企业处于开放的网络环境，攻击者通过身份仿冒、网站挂马、恶意软件和僵尸网络等多种方式进行网络渗透，企业面临前所未有的安全风险，传统防火墙面对变革却无能为力。在这种情况下，下一代防火墙应需而生，面向下一代网络环境，基于“感知”实现安全管理自我优化，通过云技术识别未知威胁，高性能地为大型企业、数据中心提供以应用层威胁防护为核心的下一代网络安全。

下一代防火墙（Next Generation Firewall，NGFW）主要有以下特点。

（一）精准的应用访问控制

全面创新的下一代环境感知和访问控制。通过应用、内容、时间、用户、威胁和位置六个维度的组合，全局感知日益增多的应用层威胁，实现应用层安全防护。

丰富的报表将业务状态、网络环境、安全态势、用户行为等可视化展现，让用户全方位感知，安全运营。

深度融合的下一代内容安全。通过解析引擎合并，将安全能力与应用识别深度融合，防范借助应用进行的恶意代码植入、网络入侵、数据窃取等破坏行为。

（二）更高的性能体验

专用软硬件平台架构，下一代防火墙采用全新架构的智能感知引擎（Intelligence Aware Engine，IAE），传统威胁检测引擎根据逐个报文进行威胁特征匹配，这种方式容易造成攻击者逃避检测。IAE 摒弃了此种方式，将报文根据会话进行重组，并进行协议解码和特征匹配，更加精准地检测各层协议中的威胁。内容检测硬件加速，提升应用层防护效率，保障安全特性开启下的万兆最佳性能。

（三）简单的安全管理

根据网络中的实际流量和应用的风险，遵循最小权限控制原则，自动生成策略优化建议。分析策略命中率，发现冗余、失效的策略，有效控制策略规模，简化管理。

（四）全面的未知威胁防护

在云端采用沙箱技术，在模拟环境中监控可疑样本的运行行为，高效发现未知威胁；发现未知威胁后自动提取威胁特征，并迅速将特征同步到设备侧，有效防范零日攻击；准确、完善的信誉体系，防范 APT（Advanced Persistent Threat）攻击。

三、Web 应用防火墙

Web 应用防火墙是云平台中必备的安全产品，主要防御利用 SQL 脚本注入、在数据库中执行 SQL 命令、导致数据库中的数据泄露或数据不一致性。Web 程序中最常见的漏洞是跨站脚本攻击 XSS（Cross Site Scripting），为了区别网页中 CSS 样式表，而取名为 XSS。攻击者在网页中嵌入客户端脚本（如 JavaScript），当用户浏览此网页时，脚本会在用户的浏览器上执行，从而达到攻击的目的，如获取用户的 Cookie 中的用户名和密码，直接登录用户的网站。恶意 CC（Challenge

Collapsar）攻击是 DDoS 的一种，也是一种常见的网站攻击方法，是攻击者控制某些主机不停地发大量数据包给对方服务器造成服务器资源耗尽，一直到宕机崩溃。

开放式 Web 应用程序安全项目（Open Web Application Security Project，OWASP）是一个非营利性、开放的组织，其主要目标是致力于改善 Web 应用与服务的安全性。OWASP 常见的攻击包括：失效的身份认证和会话管理、使用已知易受攻击的组件、安全配置错误、未验证的重定向和转发、不安全对象的引用。

Web 应用防火墙的主要工作原理：当用户访问网站时，DNS 服务器返回应用防火墙集群地址，网络的访问流量被应用防火墙接管，进行安全防护和清洗，之后由应用防火墙把用户访问的流量导向真实网站地址，并通过应用防火墙把返回的结果进行防护和清洗，最后把内容返回给用户，实现访问请求和相应双向防护和清洗。

运用 Web 应用防火墙中设定的规则，针对有攻击性的行为阻拦，降低误报概率，面对大量系统的补丁升级，及时更新，避免零日漏洞，有效避免业务系统面临的用户数据泄露、网站数据被抓取、登录页面被暴力破解等常见威胁，保证业务系统的安全和可用性。

四、DNS、CDN 服务

通过 DNS 的域名解析获取 URL 对应的 IP 地址，是互联网最核心的功能。URL 是人们熟悉的记录互联网地址的方式，而计算机只能识别二进制的机器语言，所以需要 DNS 把 URL 解析到具体的 IP 地址，才能获取互联网中的各种资源。

DNS 有多种方式进行域名解析。客户端与本地 DNS 服务器之间的查询称为递归查询，最后由本地 DNS 服务器返回 IP 地址给客户端。另外，本地 DNS 服务器与其他 DNS 服务器之间的查询称为“迭代查询”。DNS 查询的过程如下。

第一，客户端在浏览器中输入域名，系统会先检查本地 Hosts 文件中是否有该 IP 地址和域名的映射关系。如果有，则直接返回 IP 地址，完成域名的解析。

第二，如果 Hosts 里没有这个域名映射的 IP 地址，则查找本地 DNS 缓存，如果缓存中保留有历史记录则直接返回，完成域名解析。

第三，如果 Hosts 与本地 DNS 缓存都没有相应的域名 IP 地址，则查找网卡参数中设置的首选 DNS 服务器，即本地 DNS 服务器，此服务器收到查询时，如果要查询的域名包含在本地域的 DNS 服务器记录中，如在 A 记录、Cname 记录中等，则返回解析结果给客户端，完成域名解析，此解析具有权威性。如果本地的 DNS 服务器不能解析该域名，但该服务器中缓存了此域名的 IP 地址，则返回域名解析的结果给客户端，完成解析，此解析不具有权威性。

第四，如果本地 DNS 服务器与缓存都没有相应的记录，则检查是否设置 DNS 转发器，如果没有设置 DNS 转发，则把请求发至全球 13 台根 DNS，由根 DNS 服务器处理请求，并返回一个负责 .com 顶级域名服务器的 IP 地址，本地 DNS 服务器会查询 .com 域的这台服务器，如果无法解析，将返回顶级 .com 域名的下一级 DNS 服务器 IP 地址，本地 DNS 服务器根据返回的 IP 地址再去查询域服务器，重复上述动作，直至找到域名所对的 IP 地址，最后由本地 DNS 服务器把域名解析的 IP 地址返回给客户端，完成解析。

第五，如果本地 DNS 服务器设置转发，此 DNS 服务器就会把请求转发到指定的 DNS 服务器进行解析，如果该服务器不能解析，由该服务器查找根 DNS 服务器进行解析。不管是本地 DNS 服务器通过转发的方式获取域名的 IP 地址，还是通过根 DNS 获取到的 IP 地址，都要通过本地 DNS 服务器返回给客户端。客户端到本地 DNS 服务器是属于递归查询，DNS 服务器之间的查询属于迭代查询。

通过 DNS 对 URL 地址进行 DNS 解析后，返回机器所识别的目的地址，再根据目标地址获取该地址的网页信息。随着互联网的不断发展，访问网站的用户数量激增，访问路径过长，从而使用户的访问质量受到严重影响。特别是当用户与网站之间的链路被突发的大流量数据拥塞时，需保证用户都能够进行高质量的访问，提高网站的响应速度、并发访问和网络负载能力，并尽量减少由此而产生的费用和网站管理压力。内容分发网络（Content Delivery Network，CDN）能帮助用户解决上述问题，提出智能 DNS 概念，把网站的内容分发到用户最近地域的镜像站点，把这些 IP 地址记录在智能 DNS 中，通过 Cname 机制去找到用户 IP 最近的镜像站点访问。如在北京架设网站，西安的用户在访问该网站时，智能 DNS 发现这个请求的 IP 地址来自西安，就把该网站西安镜像的地址返回给客户，客户得到西安镜像 IP 地址后，直接访问该站点即可，没有必要让网络流量到达北京，再从北京的站点返回内容到西安，这样使客户访问网站的内容传输得更快、更稳定，从而解决因特网网络拥挤的状况，提高用户访问网站的响应速度。

所以在互联网中，DNS 和 CDN 是通往资源访问的桥梁，扮演着非常重要的角色，当云计算大面积不能正常提供服务时，有可能是这两个角色出现了问题，所以在云计算的架构中多采用多种形式的 DNS 和 CDN 服务，一旦发生故障，可迅速切换至另一个 DNS 和 CDN 服务提供商。

五、数字证书与加密

在云计算中，所有的通信都需要认证和加密，认证核心是要确认对方的真实身份，当确认对方的身份后，再以加密的形式进行交互。数字证书就是确认真实身份的技术实现方式。数字证书是云计算中仅次于 DNS 的重要概念，DNS 是找到对方的地址后，要通过数字证书进行真实身份的验证，验证之后，通过对称加密算法，加密交互的信息。在客户端访问云服务的过程中，所有的交互都需要认证和加密，包括客户端以 Web 形式访问服务器、服务器与服务器之间和客户端调用云平台中的 WebSevice 接口等，都必须要求数字证书进行验证身份的过程。这也是 OpenSSL 出现漏洞会造成全世界恐慌的原因，因为我们的通信基石遭到了破坏。

数字证书分为服务器证书、电子邮件证书、个人证书、自签名证书、代码签名五种类型。数字证书具有机密性、完整性、真实性和不可否认性等特点。证书包含以下几个重要的组成部分。

（一）颁发者（Issuer）

颁发者，是指该证书是什么机构发布的，由哪个机构创建的。本证书中颁发者是“Certum CA”这个机构。

（二）有效期（Valid From）

有效期，是指证书的有效时间，或者说证书的使用期限。过了有效期限，证书不能使用。

（三）公钥（Public Key）

RSA 公钥加密体制包含三个算法：KeyGen（密钥生成算法）、Encrypt（加密算法）以及 Decrypt（解密算法），公钥用于对数据进行加密，私钥用于对数据进行解密。

（四）使用者（Subject）

使用者，是指证书的使用者，证书是发布给谁使用的。

（五）指纹以及指纹算法（Thumbprint，Thumbprint Algorithm）

为保证证书的完整性，在发布证书时，发布者根据指纹算法计算整个证书的Hash值，使用者在打开证书时，根据指纹算法再计算一下当前证书的Hash值，两个Hash值进行比对确认证书的内容是否被修改。Hash值实际是证书的指纹，该指纹是证书颁发机构的私钥用签名算法（Signature Algorithm）加密后保存在证书中。

（六）签名所使用的算法（Signature Algorithm）

签名所使用的算法是数字证书的数字签名所使用的加密算法，签名是在证书的里面再加上一段内容，可以证明证书没有被修改过，对证书的信息进行Hash计算，把该Hash值使用签名算法加密后存放到数字证书中称为“数字签名”。

数字证书的基本原理是通过加密算法和公钥对内容进行加密，然后通过解密算法和私钥对密文进行解密，得到明文，由公钥加密的内容，只能由私钥的持有者才能解密，其中私钥是保密的，使用公钥进行加密，只有私钥的持有者才能解密。

以客户端通过Web方式访问服务器，在服务器端使用服务器证书进行身份识别和加密为例，简要介绍数字证书的使用过程。

客户端向服务端发送Web页面的浏览请求。服务器向客户发送自己的数字证书，客户端读取该证书中的发布者也就是证书的颁发机构，从安装操作系统时预留在本地的信任证书列表里找这个发布机构的根证书是否在本地证书信任列表里，如果服务器证书中颁发机构的根证书在本地信任的证书列表里面，说明证书是被信任的。然后取出根证书的公钥，利用服务器证书的指纹和指纹算法用公钥进行解密，再用指纹算法对服务器证书计算一下当前证书的Hash值，该Hash值就证书的当前指纹和服务器证书里保存的指纹进行对比，正确说明服务器证书是合法的。客户端验证服务器的数字证书后，客户端会随机发送一个字符串给服务器，服务器用私钥去加密这个字符串的Hash值，服务器把加密的结果返回给客户端，客户端用公钥解密这个字符串的Hash值，客户端再次生成该字符串的Hash值，和服务器返回的Hash值进行对比，如果与之前生成的随机字符串的Hash一致，说明对方确实是服务器证书的持有者。客户端验证服务器的真实身份后，客户端生成一个对称加密算法和密钥，并用公钥加密发送给服务器，服务器用私钥解密后，客户端和服务器之后的通信就使用该对称加密算法和密钥进行加密和解密。数字证书是保证通信安全最重要的基础屏障，是云平台中安全应用最广泛的技术之一，和业务服务密切相关，在云平台的服务可靠性中，很多服务中断都和数字证书有关系。

第五节　云安全的防护策略和方法

尽管云计算会带来新的安全风险与挑战，但其与传统IT信息服务的安全需求并无本质区别，核心需求仍是对应用及数据的机密性、完整性、可用性和隐私性的保护。因此，云计算安全防护不是开发全新的安全理念或体系，而是从传统安全管理角度出发，结合云计算系统及应用特点，将现有成熟的安全技术及机制延伸到云计算应用及安全管理中，满足云计算应用的安全防护需求。

一、云计算核心架构的安全防护

（一）IaaS架构安全策略与防护

从功能角度看，包含虚拟网络系统、虚拟存储系统、虚拟处理系统，以及最上层的客户虚拟机[①]。

虚拟网络系统是通过虚拟化技术将服务器、交换机、路由器、网卡等物理网络设备虚拟成多个逻辑独立的虚拟网络设备，如虚拟交换机等。

虚拟存储系统是通过在主机和物理存储系统上运行虚拟化软件将存储交换机、磁盘阵列等物理存储虚拟成满足上层需要的特定存储服务。

虚拟处理系统是通过在物理主机上运行虚拟机平台软件，将异构的主机服务器等物理主机虚拟成满足上层需要的虚拟主机。虚拟处理系统可以使用本地硬盘、SAN、iSCSI等物理存储器作为存储资源，也可以使用虚拟存储系统作为存储资源。

客户虚拟机是虚拟处理系统将物理主机进行虚拟产生的虚拟机，是客户操作系统安装的位置。

业务管理平台负责向用户提供业务受理、业务开通、业务监视、业务保障等服务。业务平台通过与客户、计费系统、虚拟化平台的交互实现IaaS业务的端到端运营和管理。

在虚拟化安全方面，应充分利用虚拟化平台提供的安全功能，进行合理配置，

① 叶和平，陈剑．云计算安全防护技术[M].北京：人民邮电出版社，2018.

防止客户虚拟机恶意访问虚拟平台或其他客户的虚拟机资源。

1. 服务器虚拟化的安全保证

虚拟机管理器（Virtual Machine Monitor，VMM）是服务器虚拟化的核心环节。它主要用来运行虚拟机（VM）的内核，代替传统操作系统管理着底层物理硬件，其安全性直接关系到上层的虚拟机安全，因此VMM自身必须提供足够的安全机制，防止客户机利用溢出漏洞取得高级别的运行等级，从而获得对物理资源的访问控制，给其他客户带来极大的安全隐患。

在具体的安全防护及安全策略配置上，应满足如下要求。

虚拟机管理器应具备内核模块完整性检查功能，利用数字签名确保由虚拟化层加载的模块、驱动程序及应用程序的完整性和真实性。

虚拟机管理器应具有内存安全强化策略，使虚拟化内核、用户模式应用程序及可执行组件位于无法预测的随机内存地址中。在将该功能与微处理器提供的不可执行的内存保护结合使用时，可以提供保护，使恶意代码很难通过内存漏洞来利用系统漏洞。

在安全管理方面，虚拟机管理器接口应严格限定为管理虚拟机所需的API，并关闭无关的协议端口。

规范虚拟机管理器补丁管理要求。在进行补丁更新前，应对补丁与现有虚拟机管理器系统的兼容性进行测试，确认后与系统提供厂商配合进行相应的修复。同时，应对漏洞发展情况进行跟踪，形成详细的安全更新状态报表。

对每台物理机之上的虚拟平台，严格控制为虚拟平台提供的HTTP/Telnet、SSH等管理接口的访问，关闭不需要的功能，禁用明文方式的Telnet接口。

在用户认证安全方面，采用高强度口令，降低口令被盗用和破解的可能性。

在服务器虚拟化高可用性方面，目前提供商推出了高可用性、零宕机容错、备份与恢复等成熟的虚拟化高可用性技术或方案，可以快速恢复故障用户的虚拟机系统，提高用户系统的高可用性。

高可用性（High Availability，HA）：当宿主物理机发生故障时，受影响的虚拟机没有在指定时间内生成检测信号，虚拟化平台实时监控系统检测不到其运行状态，就认为其发生了故障并自动重新启动其他宿主物理机上的备份，从而为虚拟机用户提供易于使用和经济高效的高可用性。对于启用该服务，要求虚拟机与其备份虚拟机必须不在一台宿主物理机上。

零宕机容错（Fault Tolerance，FT）：构建容错虚拟机的方式，当虚拟机发生数据、事务或连接丢失等故障时快速启用容错虚拟机。其要求是虚拟机与其容错虚拟机必须不在同一台宿主物理机上，容错保护的虚拟机文件也必须存储在共享存储器中。容错可提供比 HA 更高级别的业务连续性。

备份与恢复（Backup Recovery，BR）：在不中断虚拟机提供的数据和服务的情况下，创建并管理虚拟机备份，并在这些备份过时后将其删除。可以根据故障虚拟机的状态选定虚拟机的存储点，然后将该虚拟机重新写入目标主机或资源池。在重写的过程中，仅改写有变动的数据，重写完后该虚拟机即可重新启动。可以实现对虚拟机进行全面和增量的恢复，也能进行个别文件和目录的恢复。

2. 网络虚拟化安全

网络虚拟化安全主要通过在虚拟化网络内部加载安全策略，增强虚拟机之间以及虚拟机与外部网络之间通信的安全性，确保在共享的资源池中的信息应用仍能遵从企业级数据隐私及安全要求。

网络虚拟化的具体安全防护要求：利用虚拟机平台的防火墙功能，实现虚拟环境下的逻辑分区边界防护和分段的集中管理，配置允许访问虚拟平台管理接口的 IP 地址、协议端口、最大访问速率等参数。虚拟交换机应具有虚拟端口的限速功能，通过定义平均带宽、峰值带宽和流量突发大小，实现端口级别的流量控制。同时，应禁止虚拟机端口使用混杂模式进行网络通信嗅探。对虚拟网络平台的重要日志进行监视和审计，以便及时发现异常登录和操作。在创建客户虚拟机的同时，在虚拟网卡和虚拟交换机上配置防火墙，提高客户虚拟机的安全性。

3. 存储虚拟化安全

存储虚拟化通过在物理存储系统和服务器之间增加一个虚拟层，将物理存储虚拟化成逻辑存储，使用者只需访问逻辑存储，从而把数据中心异构的存储环境整合起来，屏蔽底层硬件的物理差异，向上层应用提供统一的存取访问接口。虚拟化的存储系统应具有高度的可靠性、可扩展性和高性能，能有效提高存储容量的利用率，简化存储管理，实现数据在网络上共享的一致性，满足用户对存储空间的动态需求。

存储虚拟化的具体安全防护要求：能够提供磁盘锁定功能，以确保同一虚拟机不会在同一时间被多个用户打开。能够提供设备冗余功能，当某台宿主服务器出现故障时，该服务器上的虚拟机磁盘锁定将被解除，以允许从其他宿主服务器重新启动这些虚拟机。能够提供多个虚拟机对同一存储系统的并发读/写功能,并确保并行访问的安全性。保证用户数据在虚拟化存储系统中的不同物理位置有至少 2 个以上备份，并对用户透明，以提供数据存储的冗余保护。虚拟存储系统可以按照数据的安全级别建立容错和容灾机制，以克服系统的误操作、单点失效、意外灾难等因素造成的数据损失。

4. 业务管理平台安全

具备宿主服务器资源监控能力,可实时监控宿主服务器物理资源的利用情况,在宿主服务器出现性能瓶颈时发出告警；具备虚拟机性能监控能力，可实时监控物理机上各虚拟机的运行情况，在虚拟机出现性能瓶颈时发出告警。

支持设置单一虚拟机的资源限制量，保护虚拟机的性能不因其他虚拟机尝试消耗共享硬件上的太多资源而降低。在虚拟机资源分配时，应充分考虑资源预留情况，通过设置资源预留和限制量，保护虚拟机的性能不会因其他虚拟机过度消耗宿主服务器硬件资源而降低。

业务管理平台应具备高可靠性和安全性，具备多机热备功能和快速故障恢复功能。

对管理系统本身的操作进行分权、分级管理，限定不同级别的用户能够访问的资源范围和允许执行的操作；对用户进行严格的访问控制，分别授予不同用户为完成各自承担的任务所需的最小权限。

（二）PaaS 架构安全策略与防护

PaaS 云服务把分布式软件开发、测试、部署环境作为服务提供给应用程序开发人员。因此,要开展 PaaS 云服务,需要在云计算数据中心架设分布式处理平台,并对该平台进行封装。分布式处理平台包括作为基础存储服务的分布式文件系统和分布式数据库、为大规模应用开发提供的分布式计算模式，以及作为底层服务的分布式设施。对分布式处理平台的封装包括提供简易的软件开发环境、简单的 API 编程接口、软件编程模型和代码库等，使之能够方便地为用户所用。对 PaaS 来说，数据安全、数据与计算可用性、针对应用程序的攻击是主要的安全问题。

1. 分布式文件安全

基于云数据中心的分布式文件系统构建在大规模廉价服务器群上，因此存在以下安全问题：服务器等组件的失效现象可能经常出现，需解决系统的容错问题；需能够提供海量数据的存储和快速读取功能，当多用户同时访问文件系统时，需解决并发控制和访问效率问题；服务器增减频繁，需解决动态扩展问题；需提供类似传统文件系统的接口以兼容上层应用开发，支持创建、删除、打开、关闭、读 / 写文件等常用操作。

为了提高分布式文件系统的健壮性和可靠性，当前的主流分布式文件系统设置辅助主服务器（Secondary Master）作为主服务器的备份，以便在主服务器故障停机时迅速恢复。系统采取冗余存储的方式，每份数据在系统中保存三个以上的备份，来保证数据的可靠性。同时，为保证数据的一致性，对数据的所有修改需要在所有的备份上进行，并用版本号的方式来确保所有备份处于一致的状态。

在数据安全性方面，分布式文件系统需要考虑数据的私有性和冲突时的数据恢复。透明性要求文件系统给用户的界面是统一完整的，至少需要保证位置透明、并发访问透明和故障透明。另外，分布式文件系统还要考虑可扩展性，增加或减少服务器时，应能自动感知，而且不对用户造成任何影响。

2. 分布式数据库安全

基于云计算数据中心大规模廉价服务器群的分布式数据库同样存在以下安全问题：对于组件的失效问题，要求系统具备良好的容错能力；需具有海量数据的存储和快速检索能力；多用户并发访问问题；服务器频繁增减导致的可扩展性问题等。

数据冗余、并行控制、分布式查询、可靠性等是分布式数据库设计时需主要考虑的问题。数据冗余保证了分布式数据库的可靠性，也是并行的基础，但也带来了数据一致性问题。数据冗余有两种类型：复制型数据库和分割型数据库。复制型数据库指局部数据库存储的数据是对总体数据库全部或部分的复制，分割型数据库指数据集被分割后存储在每个局部数据库里。由于同一数据的多个副本被存储在不同的节点里，对数据进行修改时，须确保数据所有的副本都被修改。这需要引入分布式同步机制对并发操作进行控制，最常用的方式是分布式锁机制以及冲突检测。

在分布式数据库中，各节点具有独立的计算能力，具有并行处理查询请求的能力。然而，由于节点间的通信使得查询处理的时延变大，因此，对分布式数据库而言，分布式查询（或称并行查询）是提升查询性能的最重要的手段。可靠性是衡量分布式数据库优劣的重要指标，当系统中的个别部分发生故障时，可靠性要求对数据库应用的影响不大或者无影响。

3. 用户接口和应用安全

对于 PaaS 服务来说，不能暴露过多的接口。PaaS 服务使客户能够将自己创建的某类应用程序部署到服务器端运行，并且允许客户端对应用程序及其计算环境配置进行控制。如果来自客户端的代码是恶意的，PaaS 服务接口暴露过多，可能会给攻击者带来机会，也可能会攻击其他用户，甚至可能会攻击提供运行环境的底层平台。

在用户接口方面，包括提供代码库、编程模型、编程接口、开发环境等。代码库封装平台的基本功能有存储、计算、数据库等，供用户开发应用程序时使用。编程模型决定了用户基于云平台开发的应用程序类型，它取决于平台选择的分布式计算模型。PaaS 提供的编程接口应该是简单的、易于掌握的，有利于提高用户将现有应用程序迁移至云平台，或基于云平台开发新型应用程序的积极性。一个简单、完整的 SDK 有助于开发者在本机开发、测试应用程序，从而简化开发工作，缩短开发流程。

由于 PaaS 和用户基于 PaaS 云平台开发的应用程序都运行在云数据中心，因此，PaaS 运营管理系统需解决用户应用程序运营过程中所需的存储、计算、网络基础资源的供给和管理问题，需根据应用程序实际运行情况动态增加或减少运行实例。为保证应用程序的可靠运行，系统还需要考虑不同应用程序间的相互隔离问题，防止其影响到 PaaS 底层承载平台或系统。

在技术层面上，目前 PaaS 对底层资源的调度和分配机制设计方面还有些不足，PaaS 应用基本是采用尽力而为的方式来使用系统的底层计算处理资源。如果同一平台上同时运行多个应用，则会在优化多个应用的资源分配、优先级配置方面无能为力。要解决这个问题，需要借助更底层的资源分配机制，如将 PaaS 应用承载在虚拟化平台上，借助虚拟化平台的资源调度机制来实现多个 PaaS 应用的资源调度。

（三）SaaS 架构安全策略与防护

由于 SaaS 服务端暴露的接口相对有限，并处于系统安全权限最低之处，一般不会给其所处的软件栈层次以下的更高系统安全权限层次带来新的安全问题。对于 SaaS 服务而言，SaaS 底层架构安全的关键在于如何解决多租户共享情况下的数据安全存储与访问问题，主要包括多租户下的安全隔离、数据库安全和应用程序安全等方面的问题。

1. 多租户安全

在多租户的典型应用环境下，可以通过物理隔离、虚拟化和应用支持的多租户架构等三种方案实现不同租户之间数据和配置的安全隔离，以保证每个租户数据的安全与隐私保密。

物理分隔法为每个用户配置其独占的物理资源，实现在物理层面上的安全隔离，同时可以根据每个用户的需求，对运行在物理机器上的应用进行个性化设置，安全性较好，但该模式的硬件成本较高，一般只适合对数据隔离要求比较高的大中型企业等。

虚拟化方法通过虚拟技术实现物理资源的共享和用户的隔离，但每个用户独享一台虚拟机，当面对成千上万的用户时，为每个用户都建立独立的虚拟机是不合理和没有效率的。

应用支持的多租户架构包括了应用池和共享应用实例两种方式。应用池是将一个或多个应用程序连接到一个或多个工作进程集合的配置。每个应用池都有一系列的操作系统进程来处理应用请求，通过设定每个应用池中的进程数目，能够控制系统的最大资源利用情况和容量评估等。在某个应用池中的应用程序不会受到其他应用池中应用程序所产生的问题的影响。这种方式被很多的托管商用来托管不同客户的 Web 应用。共享应用实例是在一个应用实例上为成千上万个用户提供服务，用户间是隔离的，并且用户可以用配置的方式对应用进行定制。这种技术的好处是由于应用本身对多租户架构的支持，所以在资源利用率和配置灵活性上都较虚拟化的方式好，并且由于是一个应用实例，在管理维护方面也比虚拟化的方式方便。

2. 数据库安全

在数据库的设计上，SaaS 服务普遍采用大型商用关系型数据库和集群技术。多重租赁的软件一般采用三种设计方法：每个用户独享一个数据库 instance，每个用户独享一个数据库 instance 中的一个 schema，多个用户以隔离和保密技术原理共享一个数据库 instance 的一个 schema。

出于成本考虑，多数 SaaS 服务均选择后两种方案，从而降低成本。数据库隔离的方式经历了 instance 隔离、schema 隔离、partition 隔离、数据表隔离，到应用程序的数据逻辑层提供的根据共享数据库进行用户数据增删修改授权的隔离机制，从而在不影响安全性的前提下实现效率最大化。

3. 应用程序安全

应用程序的安全主要体现在提升 Web 服务器安全性上，可以采用特殊的 Web 服务器或服务器配置以优化安全性、访问速度和可靠性。身份验证和授权服务是系统安全性的起点，J2EE 和 NET 自带全面的安全服务。J2EE 提供 ServletPresentation Framework，NET 提供 NET Framework，并持续升级。应用程序通过调用安全服务的 API 接口对用户进行授权和上下文继承。

在应用程序的设计上，安全服务通过维护用户访问列表、应用程序 Session、数据库访问 Session 等进行数据访问控制，并需要建立严格的组织、组、用户树和维护机制。

平台安全的核心是用户权限在各 SaaS 应用程序中的继承，一些厂商的产品自带权限树继承技术。ACL 和密码保护策略也是提高 SaaS 安全性的重要方面，用户可以在自己的系统中修改相关策略。有些厂商还推出了浏览器插件来保证客户安全登录。

二、云计算网络与系统的安全防护

云计算网络与系统设施主要包括云计算平台的基础网络、主机、管理终端等基础设施资源。在云计算网络和系统安全防护方面，应采用划分安全域、提高基础网络健壮性、加强主机安全防护、规范容灾及应急响应机制等方式，建立云计算基础设施的安全防御机制，提高云计算网络和系统等基础设施的安全性、健壮性以及服务的连续性和稳定性。

（一）划分安全域

云计算平台一般由生产域、运维管理域、办公域、DMZ 区和因特网域组成。根据云计算具体应用安全等级及防护需求，将云计算平台的安全域划分为三级：云计算平台生产系统、运维管理域（为第一级安全域），办公域、DMZ 区（为第二级安全域），因特网域（为第三级安全域）。安全级别从一到三依次降低。

各安全域之间一般采用防火墙进行安全隔离，确保安全域之间的数据传输符合相应的访问控制策略，确保本区域内的网络安全。在各安全域内部，应根据业务类型与不同客户情况，再规划下一级安全子域。在虚拟化环境中，可考虑综合采用虚拟交换机、虚拟防火墙等措施将不同用途的网络流量分隔，以保证通信流量不会相互干扰，从而提高网络资源的安全性和稳定性。

（二）基础网络安全

云计算平台整体网络应进行统一 IP 地址规划，对于云计算平台所属服务器、生产客户端应采取 IP 地址和数据链路层地址绑定措施，防止地址欺骗。

核心网络设备应支持设备级和链路级的冗余备份，其业务处理能力也应具备冗余空间，以满足业务高峰期的需要，同时应按照对业务服务的重要次序来指定带宽分配优先级别，保证在网络发生拥堵的时候优先保护重要系统。为提高对基础网络的防攻击处理能力，还应通过构建异常流量监控体系，及时发现、阻断外网对云计算平台的 DDoS 攻击，确保云计算平台的服务连续性。

同时应加强云计算平台和外界的访问控制，所有接入互联网的云平台相关系统都应安装防火墙。在云计算平台监控和维护方面，应保证网络设备所在物理区域的安全，以防止未经授权的访问。

在网络设备安全管理方面，应使用 SSH 或 HTTPS 来远程管理网络设备，如因条件限制必须使用 Telnet，则应限制使用 Telnet 远程管理的 IP 地址、会话时间、失败登录次数。

（三）应用系统主机安全

应用系统主机作为信息存储、传输、应用处理的基础设施，包括云服务器、运营管理系统及其他应用系统的主机。其自身安全性涉及虚拟机安全、应用安全、数据安全、网络安全等各个方面，任何一个主机节点都有可能影响整个云计算系统的安全。应用系统主机安全架构主要包括主机系统安全加固、安全防护、访问控制等内容。

系统安全加固主要指安全配置方面和系统补丁控制方面。在安全配置方面，应用系统上线前，应对其进行全面的安全评估，并进行安全加固。在系统补丁控制方面，应采用专业安全工具对主机系统进行定期评估。在补丁更新前，应对补丁与现有系统的兼容性进行测试。

系统安全防护包括恶意代码防范和入侵检测防范。关于恶意代码防范，出于影响性能考虑，一般不建议宿主服务器安装防病毒软件。其他应用系统建议部署实时检测和查杀病毒、恶意代码的软件产品，并应自动保持防病毒代码的更新，或者通过管理员进行手动更新。关于入侵检测防范，建议在云计算数据中心网络中部署 IDS/IPS 等设备，实时检测各类非法入侵行为，并在发生严重入侵事件时报警。

系统访问控制主要包括账户管理、身份鉴别和远程访问控制。账户管理应具备应用系统主机的账号增加、修改、删除等基本操作功能，支持账号属性自定义，支持结合安全管理策略，对账号口令、登录策略进行控制，应支持设置用户登录方式及对系统文件的访问权限。采用严格身份鉴别技术用于主机系统用户的身份鉴别，包括提供多种身份鉴别方式、支持多因子认证、支持单点登录。限制匿名用户的访问权限，支持设置单一用户并发连接次数、连接超时限制等，应采用最小授权原则，分别授予不同用户各自所需的最小权限。

（四）管理终端安全

管理终端作为云计算系统的一个基本组件，面临各种威胁，是整个云计算系统安全的一部分。管理终端安全主要包括终端系统安全防护、网络接入控制、用户行为控制等三部分内容。

终端自身安全防护应支持根据安全策略对终端进行操作系统配置，建立有效的补丁管理机制，安装客户端防病毒和防恶意代码软件，实时进行病毒库更新。

终端安全管理必须具备接入网络认证功能，只允许合法授权的用户终端接入网络。具有终端安全性审查与修复功能，支持对试图接入网络的终端进行控制，在终端接入网络之前必须进行强制性的安全审查，只有符合终端接入网络的安全策略的终端才被允许接入网络。应对接入网络的终端进行精细的访问控制，可根据用户权限控制接入不同的业务区域，防止越权访问。

在终端行为控制方面，应定义有针对性的策略规则，限制终端非法外联行为。应支持终端用户上网记录审计，可支持设置上网内容过滤，以及对终端网络状态及网络流量等信息进行监控和审计。应支持对终端用户软件安装情况进行审计，同时对应用软件的使用情况进行控制。

（五）容灾安全

为提高云计算平台及应用的可用性，应提供风险预防机制和灾难恢复措施，在保障数据安全的基础上，提高系统连续运行能力，降低云计算平台的运营风险，提升云计算服务质量和服务水平。

在综合评估云计算平台安全及业务运营需求的基础上，根据业务发展需要，逐步开展云计算平台容灾中心的建设，以应对在因突发事件可能造成整个云计算平台中心瘫痪的极端情况下，快速切换到容灾系统，进一步提升系统的连续运行能力。在建设计算平台容灾系统时，应结合云计算应用的具体需求，综合考虑成本因素，选择合适的容火等级和运营方式。

应建立有效的容灾管理组织机构，制订灾难应对计划，并对灾难应对计划进行有效的管理和维护。容灾管理主要是对云计算生产系统及其容灾系统的人员组织和流程规划进行相关的管理。其中，容灾管理流程应包括容灾预警流程和容灾恢复流程。预警流程分以下几个主要处理步骤：风险上报、风险评估、风险决策、风险告知、风险警备、发起数据恢复 / 应用接管、预警总结。容灾恢复优先采用本地恢复，若无法本地恢复，则应进入灾难恢复流程。灾难恢复流程应包括数据恢复、应用接管和应用回切流程。

为提高容灾系统的可用性，应定期进行容灾演练、容灾测试，以及开展容灾培训工作。

三、云计算数据信息的安全防护

云计算用户的数据传输、处理、存储等均面临安全威胁。针对云计算环境下的数据安全防护，需要通过采用数据隔离、加密传输、安全存储、访问控制、剩余信息保护等技术手段，保障用户信息的可用性、保密性和完整性。数据信息安全防护可以从以下几个方面进行考虑。

（一）数据安全隔离

为实现不同用户间数据信息的隔离，可采用物理隔离、虚拟化和 Multi-tenancy 等方案实现不同租户之间数据和配置信息的安全隔离，以保护每个租户数据的安全与隐私保密。

（二）数据访问控制

可采用基于身份认证的权限控制，进行实时的身份监控、权限认证和证书检查，防止用户间的非法越权访问。

（三）数据加密存储

对数据进行加密是实现数据保护的一个重要方法，即使该数据被人非法窃取，对他们来说也只是一堆乱码，而无法知道具体的信息内容。在加密算法选择方面，应选择加密性能较高的对称加密算法；在加密密钥管理方面，应采用集中化的用户密钥管理与分发机制，实现对用户信息存储的高效安全管理与维护。

（四）数据加密传输

为保障数据传输的安全性，可采用数据加密传输的方式。数据传输加密可以选择在链路层、网络层、传输层等层面采用网络传输加密技术实现，保证网络传输数据信息的机密性、完整性、可用性。对于管理信息加密传输，可采用 SSH、SSL 等方式为云计算系统内部的维护管理提供数据加密通道，保障维护管理信息安全。对于用户数据加密传输，可采用 IPSec VPN、SSL 等 VPN 技术提高用户数据的网络传输安全性。

（五）数据备份与恢复

为应对突发的云计算平台的系统性故障或灾难事件，对数据进行备份及进行快速恢复尤为重要。如在虚拟化环境下，应能支持基于磁盘的备份与恢复，实现快速的虚拟机恢复，应支持文件级完整与增量备份，保存增量更改以提高备份效率。

（六）剩余信息保护

在云计算平台中，用户数据是共享存储的，今天分配给某一用户的存储空间，明天可能分配给另外一个用户，因此需要做好剩余信息的保护措施。要求云计算系统在将存储资源重分配给新的用户之前，必须进行完整的数据擦除，防止数据被非法恶意恢复。

四、云计算的身份管理与安全审计

管理身份和访问企业应用程序的控制仍然是当今的 IT 系统面临的最大挑战之一。对企业基于云计算的身份和访问管理（IAM）是否准备就绪进行一个深度的评估，以及理解云计算供应商的能力，是利用云生态系统的必要前提。

（一）用户身份认证

云计算系统应建立统一、集中的认证和授权系统，以满足云计算多租户环境下复杂的用户权限策略管理和海量访问认证要求，提高云计算系统身份管理和认证的安全性。

集中用户认证：采用数字证书认证、硬件信息绑定认证、生物特征认证等主流认证方式，对不同类型和等级的系统、服务、端口采用相应等级的一种或多种组合认证方式，并提供用户访问日志记录，记录用户登录信息，包括系统标识、登录用户、登录时间、登录 IP、登录终端等标识。

集中用户授权：根据用户、用户组、用户级别的定义来对云计算系统资源的访问进行集中授权。

访问授权策略管理包括身份认证策略、授权策略和账号策略。身份认证策略是采用用户身份与终端绑定的策略、完整性认证检查策略和口令策略。授权策略支持采用集中授权或分级授权策略。账号策略是指设置账号安全策略，包括口令连续错误锁定账号、长期不用导致账号失效、用户账号未退出时禁止重复登录等。

（二）用户账号管理

在云计算系统账号管理方面，可通过对云计算用户账号进行集中维护管理，为实现云计算系统的集中访问控制、集中授权、集中审计提供可靠的原始数据。

云计算用户账号访问控制应根据“业务需要”原则，严格控制访问和使用用户账户信息，任何云计算用户都只能访问其开展业务所必需的账户信息，防止未经授权擅自对账户信息进行查看、篡改和破坏；应至少采用口令、令牌或生物特征中的一种方式验证访问账户信息的人员身份；分配唯一的用户账号给每个有权访问账户信息的系统用户，在添加、修改、删除用户账号或操作权限前，应履行严格的审批手续。

对不同用户账号设置不同的初始密码。对于用户首次登录，应强制要求其更改初始密码。用户密码长度不得少于六位，应由数字和字符共同组成，不得设置简单密码。对密码进行加密保护，密码明文不得以任何形式出现。要求用户定期更改登录密码，修改周期最长不得超过三个月，否则将予以登录限制。重置用户密码前必须对用户身份进行核实。

对用户账号登录进行控制。当用户登录连续失败达到五次的,应暂时冻结该用户账号。经云计算系统管理员对用户身份验证并通过后,再恢复其用户状态。用户登录后，工作暂停时间达到或超过 10 分钟的，应要求用户重新登录并验证身份。

用户账号在整个传输过程和云计算平台系统中必须加密。对于保存到期或已经使用完毕的账户信息，均应建立严格的销毁登记制度。

（三）系统安全审计

相对于传统 IT 系统，云计算系统的分层架构体系使得其日志信息对于运行维护、安全事件追溯、取证调查等方面来说更为重要，云计算系统应通过建立安全审计系统，进行统一、完整的审计分析，通过对操作、维护等各类云计算系统日志的安全审计，提高对违规事件的事后审查能力。

建立完善的云计算系统日志记录及审核机制，日志的内容应包括用户 ID、操作日期及时间、操作内容、操作是否成功等云计算相关系统，应对用户的账户信息、登录系统的方式、失败的访问尝试、用户的操作记录、对系统日志的访问，以及其他涉及账户信息安全的事件记录日志。

保持云计算所有重要系统时钟时间同步，采取及时将云计算平台生成的各类日志备份到专用日志服务器或安全介质内等措施，以确保云计算用户活动日志的准确性和完整性。

五、云计算应用的安全策略部署

以公共基础设施云服务和企业私有云为例，对其安全应用策略部署提出建议。

（一）公共基础设施云服务安全策略

对于公共基础设施云服务而言，重点需要解决云计算平台安全、多租户模式下的用户信息安全隔离、用户安全管理，以及法律与法规遵从等方面的安全问题。由于公有云平台承载了海量的用户应用，如何保障云计算平台的安全高效运营至关重要。而在公有云典型的多租户应用环境下，能否实现用户信息的安全隔离直接关系到用户的安全隐私能否得到有效保护。同时，法律与法规的遵从也是非常重要的内容，作为云服务提供商对外提供服务，需要考虑满足相关法律法规要求。

对于云服务提供商而言，当前云计算服务还处在演进阶段，实现全面的安全功能和技术要求并非一蹴而就的，需要结合具体的业务应用发展，循序渐进地开展安全部署和管理工作。其主要安全部署策略可包括如下内容。

1. 基础安全防护

建立公共基础设施云的安全体系，保障云计算平台的基础安全，主要包括构建涵盖云计算平台基础网络、主机、管理终端等基础设施资源的安全防护体系，建设云平台自身的用户管理、身份鉴别和安全审计系统等。针对一些关键应用系统或 VIP 客户，可考虑建设容灾系统，进一步提升其应对突发安全事件的能力。

2. 规避数据监管风险

目前国际社会对日趋全球化的云计算服务中的跨境数据存储、流动和交付的监管政策尚未达成一致，在发生安全事件后如何对造成的损失进行评估及赔偿可能存在较多争议。因此，云服务提供商需要在商业合同的司法管辖权中和 SLA 条款中进行合理设定，并对运营管理制度、业务提供的合规性进行合理规范，以规避不必要的经营风险。

3. 提供安全增值服务

在构建基础设施层面的安全防护体系的基础上，为进一步提高用户的“黏性”，为用户提供可选的应用、数据及安全增值服务，提高安全服务的商业价值。同时为提高用户对云服务安全性的感知度，可通过安全报表、安全外设等方式实现安全的显性化。

（二）企业私有云安全策略

私有云一般是部署在企业内部，和公有云相比，用户对其物理乃至安全性的控制更为直接。由于私有云一般承载着企业的日常运作流程或重要信息系统，其安全性和安全稳定运行对于企业的正常运作非常重要。在构建私有云安全防护体系时，除了需要在网络层、虚拟化层、操作系统、私有云平台自身应用和用户安全管理、安全审计、入侵防范等层面进行安全策略部署，做好基础的安全防护工作外，同时还应满足如下要求。

1. 与现有 IT 系统安全策略相兼容

一般来说，私有云是渐进式部署，而不是一次性部署完成。因此，私有云安全架构将能够与其他安全基础架构交换、共享安全策略，以满足企业的整体安全策略要求。

2. 具备安全回退机制

需要对企业关键应用和相关重要信息进行定期备份，并制定相关应急处理预案，在私有云发生突发安全事件后，能够快速恢复，甚至可以回退到传统 IT 应用平台。

第七章　云计算平台及云存储技术

第一节　云计算平台

一、Microsoft 云计算平台

Microsoft 的商业模式建立在个人计算机时代，在网络时代软件免费的商业模式下，Microsoft 认清形势，抓住机遇并推出了自己的云计算操作系统。在 PDC 2008 年度会议上，微软公司首席软件架构师 Ray Ozzie 隆重推出了微软云计算战略及微软云计算服务平台——Windows Azure Service Platform。微软中国于 2014 年 3 月底宣布由世纪互联负责运行中国大陆地区的微软 Windows Azure 公有云平台及服务。这次转型让 Windows 真正由 PC 延伸到“蓝天”上。Windows Azure 的首要目标是为开发者提供一个平台，帮助其进一步开发运行在云服务器、数据中心及 Web 和 PC 上的应用程序[①]。

Windows Azure 以云技术为核心，提供了“软件 + 服务”的计算方法。它是 Azure 服务平台的基础。微软 Azure 服务平台包括了微软数据中心网络中的一系列存储、计算和网络基础服务。借助 Azure 服务平台，开发人员可以创建在云中运行的应用，并可将现有的应用加以扩展，使之可以利用以云为基础的性能优势。Azure 服务平台为商业和个人应用程序提供了基础，可以为用户轻松而安全地在云中存储和共享信息，并为在任意位置的任意设备中进行访问实现了统一的方式。

（一）Windows Azure

Windows Azure 是 Azure 服务平台的底层部分，它是一套基于云计算的操作系统，提供云端线上服务所需要的作业系统与基础储存和管理的平台。这也是微软实施云计算战略的一部分。

① 李晨光，朱晓彦，芮坤坤，等. 虚拟化与云计算平台构建 [M]. 北京：机械工业出版社，2017.

1. Compute（计算）

Azure 计算服务提供在 Windows Server 上运行应用程序。应用程序可以使用如 C#、VB、C++、Java 等语言去开发。

2. Storage（存储）

用来存储大的二进制对象，提供 Azure 应用程序的组件间通信用的队列。Azure 应用程序和本地应用程序都可以用 RESTful(Representational State Transfer，表征状态转移）方法来访问该存储服务。

3. Fabric Controller（结构控制器，FC）

Azure 应用程序运行在虚拟机上，其中虚拟机的创建由 Azure 最核心的模块 Fabric Controller 来完成。除处理创建虚拟机和运行程序外，Fabric Controller 还监控运行实例。实例可以有多种出错原因，比如程序抛出异常、物理计算机死掉等。

4. Content Delivery Network（CDN）

把用户经常访问的数据临时保存（Cache）在距离用户较近的地方可以大大加快用户访问这些数据的速度。Azure CDN 可以临时保存大的二进制对象。

5. Connect

Azure 应用程序通过 HTTP，HTTPS、TCP 与外部的世界交互。但 Azure Connect 支持云应用程序和本地服务的交互。比如，通过 Connect 可以使云应用程序访问存储在本地数据库内的数据。

（二）SQL Azure

SQL Azure 是微软的云中关系型数据库，是基于 SQL Server 技术而构建的，主要为用户提供数据应用。SQL Azure 数据库简化了多数据库的供应和部署，开发人员无须安装、设计数据库软件，也不需要进行数据的升级或管理。与此同时，SQL Azure 还为用户提供了内置的高可用性和容错能力。

用户使用 SQL Azure 的方式和使用传统的 SQL Server 环境基本一致，用户通过 SQL 客户端就可以访问，也可以使用 ADO.NET 约定的数据访问方式进行访问。当然，SQL Azure 数据服务也有独特的一面，例如，SQL Server 并不支持 CLR、空间数据及一部分系统管理功能（如启动、停止 SQL Server）。

SQL Azure 服务还能够为用户带来很多传统数据管理系统不具备的好处。首先，由于数据放置在云中，数据的常规管理都由云中的管理系统完成，因而用户可以摆脱繁重的数据库管理和维护的工作，无须对数据库进行定期备份，也不再需要定期为数据库打补丁。其次，云环境为用户提供了统一的数据访问接口，用户不需要关心数据的具体位置。在当前版本的 SQL Azure 服务中，每个数据库大小的上限在 5GB 到 10GB 之间。如果应用的数据小于这个限制，则可以保存在单个数据库中，否则系统会创建多个数据库，将应用数据划分在不同的数据库分别存放。在传统情况下，应用不仅需要知道所要访问的数据库，而且还需要知道每个数据库中的数据划分信息。而在 SQL Azure 服务中，系统会封装下层多个数据库的复杂操作，将用户提交的数据操作分发到各个数据库上执行，然后对执行结果进行合并，再返回给用户。最后，采用 SQL Azure 服务的应用能获取比传统单个数据库更健壮的服务。与 Windows Azure 数据服务类似，SQLAzure 服务的每份数据都会在不同的地方进行备份。当一份数据失效时，可以从其他备份进行恢复。同时，SQL Azure 服务会保证多个备份中数据的一致性，如果对数据库的更新操作返回成功信息，则意味着所有备份都已经成功进行了更新。

SQL Azure 服务的特点是简单、有效、成本低，提供了一个具备良好扩展性、可控性以及可靠性的数据管理服务。随着云计算技术的成熟和发展，各种新的需求不时涌现，这就要求 SQL Azure 服务不断丰富和提升，从而解决云计算环境中关于数据处理的问题。

（三）Live 服务

Live 服务是一系列包含在 Azure 服务平台里面的用来处理用户数据和应用程序资源的构建块，Live 服务为广大的开发者提供了简便可行的、内容丰富的体验入口，通过多种数字设备，这些应用程序可以和因特网上最大规模的用户相连。

通过 Live 服务，可以存储和管理 Windows Live 用户的信息和联系人，将 Live Mesh 中的文件和应用同步到用户的不同设备上去。微软 Live Mesh 是一个软件与服务相结合的平台，通过数据中心将文件、程序在网络上实现无缝的同步共享。它使得构建跨数字设备和 Web 的应用程序成为可能。

此外，还有 SharePoint 服务与 Dynamics CRM 服务。其用于在云端提供针对业务内容、协作和快速开发的服务，建立更强的客户关系。

二、Amazon 云计算平台

Amazon 是一家综合性的电子商务化公司，在多年的运作中积累了大量的基础性设施和先进的技术，因此它在云计算领域处于领先地位。在此基础上，Amazon

还不断地进行技术创新。这些云计算服务共同构成了 Amazon 的云计算服务平台 Amazon Web Service（AWS）。

（一）Dynamo

在 Web 服务兴起之际，各种平台大多采用关系型数据库进行数据存储，但由于 Web 数据中大部分为半构化数据，且数据量巨大，关系型数据库无法满足其存储要求。为此，很多服务商非常具有代表性的一种存储架构被作为状态管理组件用于 AWS 的很多系统中。

Amazon 是世界上最成功的电子商务供应商之一,其系统每天要接受全球数以百万计的服务请求。为了实现稳定性的需要，Amazon 的系统采用完全的分布式、去中心化的架构 ID，其中，作为底层存储架构的 Dynamo 也同样采用了无中心的模式。

Dynamo 只支持简单的键 / 值方式的数据存储，不支持复杂的查询，适用于 Amazon 的购物车、S3 等服务。Dynamo 中存储的是数据值的原始形式，即按位存储，并不解析数据的具体内容，这也使得 Dynamo 几乎可以存储所有类型的数据。Dynamo 在设计时被定位为一个基于分布式存储架构的，高可靠、高可用且具有良好容错性的系统。

（二）Amazon S3

Amazon Simple Storage Service（S3）是云计算平台提供的可靠的网络存储服务。通过 S3,个人用户可以将自己的数据放到存储云上,通过互联网访问和管理。同时,Amazon 公司的其他服务也可以直接访问 S3。S3 由对象和存储桶（Bucket）两部分组成。对象是最基本的存储实体，包括对象数据本身、键值、描述对象的元数据及访问控制策略等信息。存储桶则是存放对象的容器，每个桶中可以存储无限数量的对象。

作为云平台上的存储服务,S3 具有与本地存储不同的特点。S3 采用的按需付费方式节省了用户使用数据服务的成本。S3 既可以单独使用，也可以同 Amazon 接口访问 S3 中平台上的应用程序，还可以通过 REST 或者 SOAP 接口访问 S3 中的数据。以 REST 接口为例，S3 中的所有资源都有唯一的 URI 标识符，应用通过向指定的 URI 发出 HTTP 请求，就可以完成数据的上传、下载、更新或者删除等操作。但用户需要了解的是，S3 作为一个分布式的数据存储服务，目前的版本存在一些不足，如数据操作存在网络延迟，以及不支持文件的重命名、部分更新等。作为 Web 数据存储服务，S3 适合存储较大的，一次写入、多次读取的数据对象，例如声音、视频、图像等媒体文件。

安全性和可靠性是云计算数据存储普遍关心的两个问题。S3 采用账户认证、访问控制列表及查询字符串认证三种机制来保障数据的安全性。当用户创建 AWS 账户的时候，系统自动分配一对存取键 ID 和存取密钥，利用存取密钥请求签名，然后在服务器端进行验证，从而完成认证。访问控制策略是 S3 采用的另外一种安全机制，用户利用访问控制列表设定数据（对象和存储桶）的访问权限，例如数据是公开的还是私有的。即使在同一公司内部，相同的数据对不同的角色也有不同的视图，S3 支持利用访问规则来约束数据的访问权限。通过对公司员工的角色进行权限划分，能够方便地设置数据的访问权限。如系统管理员能够看到整个公司的数据信息，部门经理能看到部门相关的数据，普通员工只能看到自己的信息。查询字符串认证方式广泛适用于以 HTTP 请求或者浏览器的方式对数据进行访问。为了保证数据服务的可靠性，S3 采用了冗余备份的存储机制，存放在 S3 中的所有数据都会在其他位置备份，保证部分数据失效不会导致应用失效。在后台，S3 保证不同备份之间的一致性，将更新的数据同步到该数据的所有备份上。

（三）EC2

Amazon 弹性计算云（Elastic Compute Cloud,EC2）是一个让使用者可以租用云端计算机运行所需应用的系统，提供基础设施层次的服务（IaaS）。EC2 提供了可定制化的云计算能力,这是专为简化开发者开发 Web 伸缩性计算而设计的,EC2 借由提供 Web 服务的方式让使用者可以弹性地运行自己的 Amazon 虚拟机，使用者将可以在这个虚拟机器上运行任何自己想要的软件或应用程序。Amazon 为 EC2 提供简单的 Web 服务界面，让用户轻松地获取和配置资源。用户以虚拟机为单位租用 Amazon 的服务器资源，并且可以全面掌控自身的计算资源。另外，Amazon 的运作是基于“即买即用”模式的，只需花费几分钟时间就可获得并启动服务器实例，所以它可以快速定制以响应计算需求的变化。

Amazon EC2 的优势如下：在 AWS 云中提供可扩展的计算容量；使用 Amazon EC2 避免前期的硬件投入，因此用户能够快速开发和部署应用程序；通过使用 Amazon EC2，用户可以根据自身需要启动任意数量的虚拟服务器、配置安全和网络以及管理存储；Amazon EC2 允许用户根据需要进行缩放，以应对需求变化或流量高峰，降低流量预测需求。Amazon EC2 提供以下具体功能：虚拟计算环境，也称为实例；实例的预配置模板，也称为亚马逊系统映像（AMI），其中包含用户服务器需要的程序包（包括操作系统和其他软件）；实例 CPU、内存、存储和网络容量的多种配置，也称为实例类型；密钥对的实例的安全登录信息（在 AWS 存储公有密钥，在安全位置存储私有密钥）；临时数据（停止或终止实例时会删除这些数据）的存储卷，也称为实例存储卷；使用 Amazon Elastic Block Store（Amazon EBS）的数据的持久性存储卷，也称为 Amazon EBS 卷；用于存储资源的多个物理位置，如实例和 Amazon EBS 卷，也称为区域和可用区；防火墙，让用户可以指定协议、端口，以及能够使用安全组到达用户实例的源 IP 范围；用于动态云计算的静态 IP 地址，也称为弹性 IP 地址；元数据，也称为标签，用户可以创建元数据并分配 Amazon EC2 资源。

（四）SimpleDB

Amazon SimpleDB 的任务是非关系数据储存服务，其特点是应用灵活、适应性好。它与 S3 完全不同，S3 主要用于非结构化数据的存储，而 Amazon SimpleDB 主要用于结构化数据的存储。开发人员的首要任务是通过 Web 服务完成数据项的存储和查询，剩下的工作都交给 Amazon SimpleDB 处理。

Amazon SimpleDB 不会受限于关系数据库的严格要求，并能够保障更高的可用性和灵活性，这样管理的负担大幅减少甚至没有负担。退至后台工作后，Amazon SimpleDB 会自动创建和管理分布在其他多个位置的数据副本，因而可用性和数据的持久性大大提高。

用户注册登录后，可以创建一个域（domain，存放数据的容器），然后可以向域中添加数据条目（item，一个实际的数据对象，由属性和值组成），接着用户可以查看或修改域中的数据条目。当用户不再需要存储的数据时，可以删除域。

（五）SQS

Amazon Simple Queue Service（SQS）主要用于分布到应用的组件之间数据传递的消息队列服务，这些组件往往分散在不同的计算机之上，有的甚至分布在不同的网络中。SOS 的作用将在这里显现，它能够以松耦合的方式将分散于不同计算机或网络的组件结合，这就创立了可靠的有一定规模的分布式系统，当然系统中某一组件的损毁并不会影响到整个系统的运行。

消息和队列是 SQS 实现的核心。消息是可以存储到 SQS 队列中的文本数据，可以由应用通过 SQS 的公共访问接口执行添加、读取、删除操作。队列是消息的容器，提供了消息传递及访问控制的配置选项。SQS 是一种支持并发访问的消息队列服务，它支持多个组件并发的操作队列，如向同一个队列发送或者读取消息。消息一旦被某个组件处理，则该消息将被锁定，并且被隐藏，其他组件不能访问和操作此消息，此时队列中的其他消息仍然可以被各个组件访问。

SQS 成功地应用了分布式构架，因此每一条消息都会分散地存入不同的机器中，也有可能存于不同的数据中心。这种分布式存储策略保证了系统的可靠性，同时也体现出其与中央管理队列的差异，这些差异需要分布式系统设计者和 SQS 使用者充分理解。首先，SQS 并不会严格遵循消息的顺序性，也就是说并不是先进入队列的消息优先可见；其次，分布式队列中已经被处理的消息并不会彻底处理干净，它有可能还存在于其他的队列中，所以一个消息会被处理多次；再次，因为是分布式的传输，所以用户获得的消息可能并不完全；最后，可能会出现信息传递的延迟，因而不能期望消息一发出就被其他组件看到。

由组件 1 创建一条新的消息 A，通过 HTTP 协议调用 SQS 服务将消息 A 存储到消息队列中。接着，组件 2 准备处理消息，它从队列中读取消息 A，并将其锁定。在组件 2 处理的过程中，消息 A 仍然存在于消息队列中，只是对其他组件不可见。最后，当组件成功处理完消息 A 后，SQS 将消息 A 从队列中删除，避免这个消息被其他组件重复处理。但是，如果组件 2 在处理过程中失效，导致处理超时，SQS 将会把消息 A 的状态重新设为可见，从而可以被其他组件继续处理。

三、Google 云计算平台

Google 在云计算方面一直走在世界的前列，是目前世界上最大的云计算使用者。Google 的云计算技术实际上是针对 Google 特定的网络应用程序而定制的。针对内部网络数据规模超大的特点，Google 提出了一套云计算解决方案。主要包括分布式处理技术 MapReduce，分布式文件系统 GFS、非结构化存储系统 Big Table。

（一）系统架构

GFS 将整个系统的节点分为三类角色：Client（客户端）、Master（主服务器）和 Chunk Server（数据块服务器）。Client 是 GFS 提供给应用程序的访问接口，Master 是 GFS 的管理节点，Chunk Server 负责具体的存储工作。

客户端在访问 GFS 时，首先访问 Master 节点，获取与之进行交互的 Chunk Server 信息，然后直接访问这些 Chunk Server，完成数据存取工作。GFS 的这种设计方法实现了控制流和数据流的分离。Client 与 Master 之间只存在控制流，并没有数据流，从而有效地降低了 Master 的负载。Client 与 Chunk Server 之间直接传输数据流，与此同时，由于文件被分成多个 Chunk 并采用分布式存储，因此 Client 可同时访问多个 Chunk Server，从而使得整个系统的 I/O 高度并行，系统整体性能得到提高。

针对多种应用的特点，Google 不遗余力地推进 GFS 的简化设计，最终实现了成本、可靠性和性能的相互平衡。总的来说，它有以下几个特点。

1. 采用中心服务器模式

GFS 采用中心服务器模式管理整个文件系统，简化了设计，降低了实现难度。

2. 不缓存数据

缓存机制主要作用是提升系统的性能，常用的文件系统往往需要实现较为复杂的缓存机制。GFS 文件基于实际应用，并没有实现缓存。从本质上讲，客户端大部分实现了流式顺序读写，大大减少了重复读写，可见缓存在这里意义不大；对于存储在 Master 中的元数据，GFS 采取了缓存策略。这是由于，一方面 Master 需要频繁操作元数据，将元数据直接保存在内存中，另一方面采用压缩方式降低数据的空间占用，大大提高了内存的利用。

3. 在用户态下实现

文件系统是操作系统的重要组成部分，通常位于操作系统的底层（内核态）。在内核态实现文件系统，可以更好地和操作系统本身结合，向上提供兼容的 POSIX 接口。然而，GFS 却选择在用户态下实现，主要是基于以下原因。

用户态下，利用系统提供的 POSIX 编程接口就可以存取数据，不需要了解操作系统的内部实现机制和接口，实现的难度降低了，通用性相应地提高了。

POSIX 接口的特点是灵活且功能强大，在实现过程中可自由选择更多的特性，不会像内部编程那样受限制。

用户态下的调试工具较为丰富，而内核态中的调试较为困难。

用户态下，Master 和 Chunk Server 同时以进程的方式进行，某一进程并不会影响到整个操作系统的运作，达到了充分的优化。而内核态下，若掌握不好其特性，运行效率不但不会提升，就连整个系统的效率也将大打折扣。

用户态下，GFS 和操作系统独立运行，两者之间的耦合性降低，有利于 GFS 和内核的单独升级。

4. 只提供专用接口

通常的分布式文件系统一般都会提供一组与 POSIX 规范兼容的接口，GFS 在设计时，采用了专用接口。其优点表现如下：实现的难度降低。常用的 POSIX 兼容的接口升级操作在系统内核一经实现，GFS 在应用层就可以实现。专用接口可根据应用提供某些特殊的支持。专用接口实现了和 Client、Master、Chunk Server 的直接交互，使操作更为容易，有效减少了系统上下文之间的切换，实现了效率的提升。

（二）系统管理技术

GFS 是一个分布式文件系统，它包含了系统软件和硬件的整套解决方案。GFS 除了涉及一些关键的技术外，还有相应的系统管理技术来支撑整个 GFS 的运作，这些技术有可能是共享技术。

1. 大规模集群安装技术

安装 GFS 的集群中通常有非常多的节点，目前最大的集群超过 1000 个节点。Google 数据中心处理数据的能力非常强大，当然运行的机器数量也非常之多，因此必须快速安装并部署一个 GFS 系统，并且迅速地运行节点的系统，系统的升级也需要相应的技术支持。

2. 故障检测技术

GFS 是构建在不可靠的廉价计算机之上的文件系统，由于节点数目众多，故障发生十分频繁，如何在最短的时间内发现并确定发生故障的 Chunk Server，需要相关的集群监控技术。

3. 节点动态加入技术

当有新的 Chunk Server 加入时，如果需要事先安装好系统，那么系统扩展将是一件十分烦琐的事情。如果只需将裸机加入，就会自动获取系统并安装运行，那么将会大大减少 GFS 维护的工作量。

4. 节能技术

有关数据表明，服务器的耗电成本大于当初的购买成本，因此 Google 采用了多种机制来降低服务器的能耗。例如，对服务器主板进行修改，采用蓄电池代替昂贵的 UPS，不间断电源系统，提高能量的利用率。Rich Miller 在一篇关于数据中心的文章中表示，这个设计让 Google 的 UPS 利用率达到 99.9%，而一般数据中心只能达到 92% ~ 95%。

（三）分布式存储服务

GAE 提供的分布式存储服务基于 BigTable 技术，支持结构化数据查询和更新操作，并提供事务处理功能，从而保证数据的一致性。该服务能够随着应用数据需求规模的变化而伸缩，满足应用不断变化的数据存储要求。分布式存储服务支持应用通过 Java JDO/JPA 接口或 Python 数据库标准接口访问和操作数据。与传统关系数据库相比，分布式存储服务的优势在于成本低、支持伸缩、并发性好且易管理。

在分布式存储服务的数据库中，每个实体在 GAE 中都包含一个全局唯一的键值。实体的键值可以由描述实体间关系的属性、实体类型、应用程序名称或者系统分配的数字实体 ID 组成。实体 ID 由实体内部的一个属性来表示。ID 值可以由数据库自动生成，也可以由应用程序自己管理。实体的属性可以是简单的数据类型，如整数、浮点数、字符串、日期和二进制数据等，也可以是对其他实体的引用。多个实体可以构建成一个实体组，存储在分布式系统的相同的数据库节点中，从而提高数据创建和更新的性能。

分布式存储服务在数据操作上提供了一些高级特性。分布式存储服务目前支持以下两种类型的事务操作：①将对实体的一组操作组成一个事务，保证单个实体的数据完整性。②将一组实体对象的操作组成一个事务，从而保证一组实体的数据完整性。

为了支持应用对数据进行灵活的查询操作，分布式存储服务定义了专门的语言 GQL，GQL 的语法与 SQL 的语法非常相似。

为了提高查询效率，GAE 应用程序采用一个配置文件来定义数据的索引，在应用执行查询语句时，数据存储区能够直接从相应索引中获取结果。

为了保证数据的一致性，分布式数据存储服务采用了乐观的并发控制策略。乐观的并发控制策略假定大多数数据事务和其他事务不冲突，当多个应用同时访问同一数据实体时，首先将数据实体保存到本地，更新的数据只有在没有事务冲突的情况下才能直接写入数据库；若有事务冲突，则分布式数据存储服务会调用相应的冲突解决算法，或者终止事务。由于 HTTP 协议是无状态的协议，加锁机制在分布式存储服务的并发控制中是不可行的，因此，乐观并发控制便是一种自然的选择，不仅实现起来简单，而且减少了不必要的等待时间。

（四）应用程序环境

Google App Engine 有着自身的应用程序环境，这个应用程序环境包括以下特性：①动态网络服务功能。能够完全支持常用的网络技术。②具有持久存储的空间。在这个空间里平台可以支持一些基本操作，如查询、分类和事务的操作。③具有自主平衡网络和系统的负载、自动进行扩展的功能。④可以对用户的身份进行验证，并且支持使用 Google 账户发送邮件。⑤有一个功能完整的本地开发环境，可以在自身的计算机上模拟 Google App Engine 环境。⑥支持指定时间或定期触发事件的计划任务。

基于这样的环境支持，Google App Engine 可以在负载很重和数据量极大的情况下轻松构建安全运行的应用程序。

最开始 Google App Engine 只支持 Python 开发语言，现阶段开始支持 Java 语言。本书案例中，Google App Engine 应用程序使用 Python 编程语言实现。其运行时环境包括完整的 Python 语言和绝大多数的 Python 标准库。在 Python 运行时环境中使用的是 Python2.5.2 版本。这里先详细介绍一下 Python 运行时的环境。

Python 运行时环境包括 Python 标准库，开发人员可以调用库中的方法来实现程序功能，但是不能使用沙盒限制的库方法。这些受限制的库方法包括尝试打开套接字、对文件进行写入操作等。为了便于编程，Google App Engine 设计人员将一些模块禁用了，被禁用的这些模块的主要功能是不受运行时环境的标准库支持的。因而，开发者导入这些模块的代码时，程序将给出错误提示。

在 Python 运行的环境中，应用程序只能以 Python 语言、Python 环境为开发平台中的数据库、Google 账户、网址抓取和电子邮件服务等提供丰富的 Python API。此外，借助于 Google App Engine Webapp 这个框架，开发人员可以轻松构建自己的应用程序。为了方便开发，Google App Engine 还包括了 Django 网络应用程序框架，在开发过程中，可以将 Django 与 Google App Engine 配合使用。

沙盒是 Google App Engine 虚拟出的一个环境，类似于 PC 所使用的虚拟机。在这个环境中，用户可以开发使用自己的应用程序，沙盒将用户应用程序隔离在自身的安全可靠的环境中，该环境和网络服务器的硬件、系统及物理位置完全无关，并且沙盒仅提供基础操作系统的有限访问权限。

沙盒还可以对用户进行如下限制：用户的应用程序只能通过 Google App Engine 提供的网址抓取 API 和电子邮件服务 API 来访问互联网中其他的计算机，

并且其他计算机的请求与该应用程序相连接，只能在标准接口上通过 HTTP 或 HTTPS 进行。应用程序无法对 Google App Engine 的文件系统进行写入操作，只能读取应用程序代码上的文件，并且该应用程序必须使用 Google App Engine 的 Data Store 数据库来存储，应用程序运行期间持续存储数据。应用程序只有在响应网络请求时才运行，并且这个响应时间必须极短，在几秒之内必须完成。与此同时，请求处理的程序不能在自己的响应发送后产生子进程或执行尺码。

简言之，沙盒给开发人员提供了一个虚拟的环境，这个环境使应用程序与其他开发者开发使用的程序相隔离，从而保证每个使用者都可以安全地开发自己的应用程序。

开发人员开发程序必须使用 Google App Engine SDK，即 Google App Engine 软件开发套件。可以先下载这个套件到自己的本地计算机上，然后进行开发和运行。使用 SDK 对可以在本地计算机上模拟包括所有 Google App Engine 服务的网络服务器应用程序，该 SDK 包括 Google App Engine 中的所有 API 和库。该网络服务器还可以模拟沙盒环境，这些沙盒环境用来检查是否存在禁用的模块被导入，以及对不允许访问的系统资源的尝试访问等情况的发生。

Google App Engine SDK 完全使用 Python 实现，这个开发套件可以在装有 Python 2.5 的任何平台上面运行，包括 Windows、Mac OS X 和 Linux 等，开发人员可以在 Python 网站上获得适合自己系统的 Python。

该开发套件还包括将应用程序上传到 Google App Engine 之上的工具。用户创建自己应用程序的代码、静态文件和配置文件之后，就可以运行这个工具将数据上传到平台上面。在上传过程中，该工具还将提示开发者输入 Google 账户、电子邮件地址及密码等信息。

系统中有一个管理控制台，这个管理控制台有一个网络接口，用于管理在 Google App Engine 上运行的应用程序。开发人员可以使用管理控制台来创建应用程序、配置域名、更改应用程序当前的版本、检查访问权限和错误日志以及浏览应用程序数据库等。

四、IBM“蓝云”计算平台

IBM 的云基础构架主要包括 Xen 和 PowerVM 虚拟化、Linux 操作系统映像以及 Hadoop 文件系统与并行构建。2007 年 11 月，IBM 推出“蓝云”（Blue Cloud）

计划，为客户带来即买即用的云计算平台。它包括一系列自我管理和自我修复的虚拟化云计算软件，使来自全球的用户可以访问分布式的大型服务器池，使得数据中心在类似于互联网的环境下运行计算。

“蓝云”解决方案是由 IBM 云计算中心开发的企业级云计算解决方案。该解决方案结合了 IBM 自身的软、硬件系统以及服务技术，支持开放标准与开放游代码软件。通过虚拟化技术和自动化技术，实现企业硬件资源和软件资源的统一管理、统一分配、统一部署、统一监控和统一备份，打破应用对资源的独占，从而帮助企业实现云计算理念。

“蓝云”计算平台由一个数据中心、IBM Tivoli 部署管理软件（Tivoli Provisioning Manager）、IBM Tivoli 监控软件（IBM Tivoli Monitoring）、IBM Websphere 应用服务器、IBMDB2 数据库以及一些开源信息处理软件和开源虚拟化软件共同组成。

“蓝云”的硬件平台环境与一般的 x861 服务器集群类似，只是使用刀片的方式增加了计算度。“蓝云”软件的一个重要特点是虚拟化技术的使用。虚拟化的方式在“蓝云”中有两个级别：一个是在硬件级别上实现虚拟化，另一个是通过开源软件实现虚拟化。硬件级别的虚拟化可以借助 IBM p 系列服务器和 IBM PowerVM 虚拟化解决方案实现。软件级别上的虚拟化采用开源的 Xen 虚拟化软件，通过 Xen 能够在 Linux 基础上运行另外一个操作系统。“蓝云”软件平台的另一特点是使用 Hadoop。

五、开源云计算平台

（一）OpenStack

OpenStack 是一个由美国宇航局 NASA 与 Rackspace 公司共同开发的云计算平台项目，且通过 Apache 许可证授权开放源码。它可以帮助服务商和企业实现类似于 AmazonEC2 和 S3 的云基础架构服务。下面是 OpenStack 官方给出的定义。

OpenStack 是一个管理计算、存储和网络资源的数据中心云计算开放平台，通过一个仪表板，为管理员提供了所有的管理控制，同时通过 Web 界面为其用户提供资源。OpenStack 是一个可以管理整个数据中心里大量资源池的云操作系统，包括计算、存储及网络资源。管理员可以通过管理台管理整个系统，并可以通过 Web 接口为用户划定资源。现在我们知道了 OpenStack 的主要目标是管理数据中心的资源，简化资源分配。

OpenStack 主要管理计算、存储和网络三部分资源。

1. 计算资源管理

OpenStack 可以规划并管理大量虚拟机，从而允许企业或服务提供商按需提供计算资源；开发者可以通过 API 访问计算资源从而创建云应用，管理员与用户则可以通过 Web 访问这些资源。

2. 存储资源管理

OpenStack 可以为云服务或云应用提供所需的对象及块存储资源；因对性能及价格有需求，很多组织已经不能满足于传统的企业级存储技术，因此 OpenStack 可以根据用户需要提供可配置的对象存储或块存储功能。

3. 网络资源管理

如今的数据中心存在大量的设置，如服务器、网络设备、存储设备、安全设备，而它们还将被划分成更多的虚拟设备或虚拟网络，这会导致 IP 地址的数量、路由配置、安全规则呈爆炸式增长；传统的网络管理技术无法真正高扩展、高自动化地管理下一代网络，因而 OpenStack 提供了插件式、可扩展、API 驱动型的网络及 IP 管理。

（二）Eucalyptus

Eucalyptus 是一种开源的软件基础结构，用来通过计算集群或工作站群实现弹性的云计算。它最初是加利福尼亚大学为进行云计算研究而开发的 Amazon EC2 的一个开源实现，它与 EC2 和 S3 的服务接口兼容，使用这些接口的几乎所有现有工具都可以与基于 Eucalyptus 的云协同工作。与 EC2 一样，Eucalyptus 依赖于 Linux 和 Xen 进行操作系统虚拟化。其现在已经商业化，发展成为 Eucalyptus Systems Inc。不过，Eucalyptus 仍然按开源项目进行维护和开发。

Eucalyptus 包含如下五个主要组件，它们相互协作，共同提供所需的云服务。

1. 节点控制器（Node Controller，NC）

节点控制器的主要任务是管理一个物理节点，负责启动、检查、关闭和清除虚拟机实例等工作。

2. 集群控制器（Cluster Controller，CC）

集群控制器负责收集节点的状态信息、调度虚拟机实例执行请求、配置实例网络，运行在集群的头节点或服务器上。请求通过基于 SOAP 或 REST 的接口被送至 CC。CC 维护有关运行在系统内的 NC 的全部信息，并负责控制这些实例的生命周期。它将开启虚拟实例的请求路由到具有可用资源的 NC 上。

3. 云控制器（Cloud Controller，CLC）

云控制器相当于系统的中枢神经。它是用户和管理员进入云的入口点和作出全局决定的组件，负责处理由用户或系统管理员发出的请求，作出高层的虚拟机实例调度决定。

4. 存储服务入口（Walrus，W）

这个控制器组件管理对 Eucalyptus 内的存储服务的访问。请求通过基于 SOAP 或 REST 的接口传递至 Walrus。Walrus 兼容 Amazon S3 的存储，为外界提供存储服务。

5. 存储控制器（Storage Controller，SC）

这个存储服务实现 Amazon 的 S3 接口。SC 与 Walrus 联合工作，用于存储和访问虚拟机映象、内核映象、RAM 磁盘映象和用户数据。其中，虚拟机映象可以是公共的，也可以是私有的，最初以压缩和加密的格式存储。这些映象只有在某个节点需要启动一个新的实例并请求访问此映象时才会被解密。

第二节　云存储技术

一、云存储的内涵

云存储是在云计算概念上延伸和发展而来的一个新的概念，是指通过集群应用、网格技术或分布式文件系统等功能，将网络中大量的、不同类型的存储设备通过应用软件集合起来协同工作，共同对外提供数据存储和业务访问功能的一个系统。当云计算系统运算和处理的核心是大量数据的存储和管理时，云计算系统中就需要配置大量的存储设备，那么云计算系统就转变成为一个云存储系统，所以云存储是一个以数据存储和管理为核心的云计算系统[①]。

相对传统存储来说，云存储改变了数据垂直存储在某一台物理设备中的存放模式，通过宽带网络集合大量的存储设备，通过存储虚拟化、分布式文件系统、

① 李森．计算机网络存储技术 [J]. 环球市场信息导报，2017（2）：129-131.

底层对象化等技术将位于各单一存储设备上的物理存储资源进行整合，构成逻辑上统一的存储资源池对外提供服务。

云存储系统可以在存储容量上从单设备 PB 级横向扩展至数十、数百 PB；由于云存储系统中的各节点能够并行提供读写访问服务，系统整体性能随着业务节点的增加而获得同步提升；同时，通过冗余编码技术、远程复制技术，进一步为系统提供节点级甚至数据中心级的故障保护能力。容量和性能的按需扩展、极高的系统可用性，是云存储系统最核心的技术特征。

云存储从本质上来说是一种网络在线储存的模式，即把资料存放在通常由第三方代管的多台虚拟服务器上，而非专属的服务器上。代管公司营运大型的数据中心，需要数据储存代管的人则通过向其购买或租赁储存空间的方式来满足数据储存的需求。数据中心营运商根据用户的需求，在后端准备储存虚拟化的资源，并将其以储存资源池的方式提供，用户便可自行使用此储存资源池来存放数据或文件。实际上，这些资源可能被分布在众多的伺服主机上。云存储这项服务通过 Web 服务应用编程接口（API）或是 Web 化的使用者接口来存取。

云存储的主要用途包括数据备份、归档和灾难恢复等。

二、云存储的特点

（一）低成本

云存储最大的特点就是可以为中小企业降低成本，降低企业因需要服务器存储数据而专门购买昂贵的硬件和软件的成本。与此同时，企业还节省了一大笔劳务开销，如聘请专业的 IT 人士来管理、维护和更新这些硬件和软件。

（二）安全性

所有云存储服务间传输以及保存的数据都有被截取或篡改的隐患，因此也需要采用加密技术来限制对数据的访问。另外，云存储系统还采用数据分片混淆存储作为实现用户数据私密性的一种方案。细心的用户可以发现，云存储数据中心比传统的数据中心具有更少的安全漏洞和更高的数据安全性。

（三）高可用性

云存储方案中包括多路径、控制器、不同光纤网、端到端的架构控制 / 监控和成熟的变更管理过程，从而大大提高了云存储的可用性。此外，还可以在满足

CAP 理论下，适当放松对数据一致性的要求来提高数据的可用性。

（四）服务模式

实际上，云存储不仅仅只是一个采用集群式的分布式架构，它还是通过硬件和软件虚拟化而提供的一种存储服务，其亮点之一就是按需使用、按量付费。企业或个人只需购买相应的服务就可以把数据存储到云计算数据中心，而无须去购买并部署这些硬件设备来完成数据的存储。

（五）可动态伸缩性

存储系统的动态伸缩性主要指的是读 / 写性能和存储容量的扩展与缩减。一个设计良好的云存储系统可以在系统运行过程中简单地通过添加或移除节点来自由扩展和缩减，并且这些操作对用户来说都是透明的。

（六）超大容量存储

云存储可以支持数十 PB 级的存储容量和高效地管理上百亿个文件，同时还具有很好的线性可扩展性。

三、云存储系统的结构模型

云存储系统的结构模型主要包括四个部分，即存储层、基础管理层、应用接口层及访问层。

（一）存储层

存储层是云存储最基础的部分。存储设备可以是 FC 光纤存储设备，可以是 IP 存储设备，也可以是 DAS 存储设备。云存储中的存储设备往往数量庞大且分布在不同地域，彼此之间通过广域网、互联网或者 FC 光纤通道网络连接在一起。

（二）基础管理层

基础管理层是云存储最核心的部分，也是云存储中最难以实现的部分。基础管理层通过集群、分布式文件系统和网格计算等技术，实现云存储中多个存储设备之间的协同工作，使多个存储设备可以对外提供同一种服务，并提供更大、更强、更好的数据访问性能。

（三）应用接口层

应用接口层是云存储最灵活多变的部分。不同的云存储运营单位可以根据实际业务类型，开发不同的应用服务接口，提供不同的应用服务。如视频监控应用平台、IPTV 和视频点播应用平台、网络硬盘引用平台、远程数据备份应用平台等。

（四）访问层

任何一个授权用户都可以通过标准的公用应用接口来登录云存储系统，享受云存储服务。云存储运营单位不同，云存储提供的访问类型和访问手段也不同。

四、云存储关键技术

（一）存储虚拟化技术

存储虚拟化技术是云存储的核心技术。通过存储虚拟化方法，把不同厂商、不同型号、不同通信技术、不同类型的存储设备互联起来，将系统中各种异构的存储设备映射为一个统一的存储资源池。存储虚拟化技术能够对存储资源进行统一分配管理，又可以屏蔽存储实体间的物理位置以及异构特性，实现了资源对用户的透明性，降低了构建、管理和维护资源的成本，从而提升了云存储系统的资源利用率。

（二）分布式存储技术

分布式存储通过网络使用服务商提供的各个存储设备上的存储空间，并将这些分散的存储资源构成一个虚拟的存储设备，数据分散地存储在各个存储设备上。它所涉及的主要技术有网络存储技术、分布式文件系统和网格存储技术等，利用这些技术实现云存储中不同存储设备、不同应用、不同服务的协同工作。

（三）数据备份技术

在以数据为中心的时代，数据的重要性不置可否，保护在某一时间的状态以特定的格式保存下来，以备原数据出现错误、被误删除、恶意加密等，是为防止突发事故而采取的一种数据保护措施，其根本目的是数据资源重新利用和保护，核心的工作是数据恢复。

（四）存储加密技术

存储加密是指当数据从前端服务器输出，或在写进存储设备之前通过系统为数据加密，以保证存放在存储设备上的数据只有授权用户才能读取。目前云存储中常用的存储加密技术有以下几种：全盘加密，全部存储数据都是以密文形式书写的；虚拟磁盘加密，存放数据之前建立加密的磁盘空间，并通过加密磁盘空间对数据进行加密；卷加密，所有用户和系统文件都被加密；文件 / 目录加密，对单个的文件或者目录进行加密。

（五）内容分发网络技术

内容分发网络是一种新型网络构建模式，主要是针对现有的因特网进行改造。其基本思想是尽量避开互联网上由于网络带宽小、网点分布不均、用户访问量大等影响数据传输速度和稳定性的弊端，使数据传输得更快、更稳定。通过在网络各处放置节点服务器，在现有互联网的基础之上构成一层智能虚拟网络，实时地根据网络流量、各节点的连接和负载情况、响应时间、到用户的距离等信息将用户的请求重新导向离用户最近的服务节点上。

（六）重复数据删除技术

数据中重复数据的数据量不断增加，会导致重复的数据占用更多的空间。重复数据删除技术是一种非常高级的数据缩减技术，可以极大地减少备份数据的数量，通常用于基于磁盘的备份系统，通过删除运算，消除冗余的文件、数据块或字节，以保证只有单一的数据存储在系统中。其目的是减少存储系统中使用的存储容量，增大可用的存储空间，增加网络传输中的有效数据量。然而，重复删除运算相当消耗运算资源，对存取能效会造成相当程度的冲击，若要应用在对存取能效较敏感的网络存储设备上，将会面临许多困难。

第八章　云计算的虚拟化技术

虚拟化技术实现了物理资源的逻辑抽象表示，可以提高资源的利用率，并能够根据用户业务需求的变化，快速、灵活地进行资源部署。虚拟化是实现云计算最重要的技术基础。

第一节　虚拟化的概述

一、虚拟化技术的概念

虚拟相对于真实，虚拟化就是将原本运行在真实环境上的计算机系统或组件运行在虚拟出来的环境中。一般来说，计算机系统分为若干层次，从下至上包括底层硬件资源、操作系统提供的应用程序编程接口，以及运行在操作系统之上的应用程序。虚拟化技术在这些不同的层次之间构建虚拟化层，向上提供与真实层次相同或类似的功能，使得上层系统可以运行在该中间层之上。这个中间层解除其上下两层间的耦合关系，使上层的运行不依赖于下层的具体实现。

虚拟化技术是种调配计算资源的方法，它将应用系统的不同层面（硬件、软件、数据、网络存储等）隔离起来，从而打破服务器、存储、网络数据和应用的物理设备之间的划分界面，实现架构动态化，并达到集中管理和动态使用物理资源及虚拟资源，以提高系统结构的弹性和灵活性，降低成本、改进服务、减少管理风险等目标。可见，虚拟化是一个广泛而变化的概念，所以想要给出一个清晰而准确的定义并不是一件容易的事情。目前业界对虚拟化已经产生如下多种定义。

虚拟化是表示计算机资源的抽象方法，通过虚拟化可以用与访问抽象方法一样的方法访问抽象后的资源。这种资源的抽象方法并不受实现、地理位置或底层资源的物理配置的限制（维基百科）。

虚拟化是为某些事物创造的虚拟（相对于真实）版本，比如操作系统、存储设备和网络资源等——WhatIs.com，信息技术术语库。

虚拟化是为一组类似资源提供一个通用的抽象接口集，从而隐藏它们之间的差异，并允许通过一种通用的方式来查看并维护资源——Open Grid Services Architecture。

从上面的定义可以看出，虚拟化包含了如下三层含义：虚拟化的对象是各种各样的资源；经过虚拟化后的逻辑资源对用户隐藏了不必要的细节；用户可以在虚拟环境中实现其在真实环境中的部分或者全部功能。

虚拟化的对象涵盖的范围很广，可以是各种硬件资源，如 CPU、内存、存储、网络；也可以是各种软件环境，如操作系统、文件系统、应用程序等。可以举一个简单的例子，来更好地理解操作系统中的内存实现虚拟化，内存和硬盘两者具有相同的逻辑表示。通过虚拟化向上层隐藏了如何在硬盘上进行内存交换、文件读写，如何在内存与硬盘间实现统一寻址和换入换出等细节。对于使用虚拟内存的应用程序来说，它们仍然可以用一致的分配、访问和释放的指令对虚拟内存进行操作，就如同在访问真实存在的物理内存一样。

虚拟化简化了表示、访问和管理多种 IT 资源，包括基础设施、系统和软件等，并为这些资源提供标准的接口来接收输入和提供输出。虚拟化的使用者可以是最终用户、应用程序或者是服务。通过标准接口，虚拟化可以在 IT 基础设施发生变化时，减少对使用者的影响。由于与虚拟资源进行交互的方式没有变化，即使底层资源的实现方式已经发生了改变，最终用户仍然可以重用原有的接口。

虚拟化降低了资源使用者与资源具体实现之间的耦合程度，让使用者不再依赖于某种资源的实现，极大地方便了系统管理员对 IT 资源的维护与升级。

二、虚拟化的发展历史

虚拟化技术近年来得到了大面积的推广应用，虚拟化概念的提出远远早于云计算，从其诞生的时间看，它的历史源远流长，大体可分为如下几个阶段①。

（一）萌芽期

虚拟化是在 1959 年 6 月的国际信息处理大会（International Conference on Information Processing）上首次提出的，计算机科学家 Christopher Strachey 发表的论文《大型高速计算机中的时间共享》（*Time Sharing in Large Fast Computers*）中

① 池瑞楠，姚骏屏．虚拟化技术与应用 [M]. 北京：高等教育出版社，2018.

首次提出并论述了虚拟化技术。

20 世纪 60 年代开始，IBM 公司的操作系统虚拟化技术使计算机资源得到充分利用。随后，IBM 公司及其他几家公司陆续开发了如下产品：Model 67 的 System/360 主机能够虚拟硬件接口，M44/44X 计算机项目定义了虚拟内存管理机制，IBM360/40、IBM360/67、VM/370 虚拟计算系统都具备虚拟机功能。

在这个阶段，虚拟计算技术可以充分利用相对昂贵的硬件资源。然而随着技术的进步，计算机硬件越来越便宜，当初的虚拟化技术只在高档服务器如小型机中存在。

（二）x86 虚拟化蓬勃发展

20 世纪 90 年代，VMware 等软件厂商率先实现了 x86 服务器架构上的虚拟化,从而开拓了虚拟化应用的市场。最开始的 x86 虚拟化技术是纯软件模式的“完全虚拟化”，一般需要二进制转换来进行虚拟化操作，但虚拟机的性能打了折扣。因此，在 Denail 和 Xen 等项目中出现了“类虚拟化”，对操作系统进行代码级修改，但又会带来隔离性等问题。随后，虚拟化技术发展到硬件支持阶段，在硬件级别上实现软件功能，从而大大减少了性能开销，典型的硬件辅助虚拟化技术包括 Intel 的 VT 技术和 AMD 的 SVM 技术。

（三）服务器虚拟化的广泛应用，带动虚拟化技术的发展壮大

x86 服务器虚拟化技术的发展使得 IT 行业以低成本、高效率的方式运转，虚拟化技术体系不断发展壮大，相继出现了桌面虚拟化、应用虚拟化、网络虚拟化、存储虚拟化等多个成员。这些虚拟化给用户多样的应用和选择，进而推动了虚拟化技术的广泛应用。

三、虚拟化技术的发展热点和趋势

纵观虚拟化技术的发展历史,可以看到它始终如一的目标就是实现对 IT 资源的充分利用。因为随着企业的发展，业务和应用不断扩张，基于传统的 IT 建设方式导致 IT 系统规模日益庞大，数据中心空间不够用、高耗能，维护成本不断增加。而现有的服务器、存储系统等设备又没有被充分利用起来，新的需求得不到及时的响应，IT 基础架构对业务需求反应不灵活，不能有效地调配系统资源适应业务需求。因此，企业需要建立一种可以降低成本、具有智能化和安全特性并能

够及时适应企业业务需求的灵活的、动态的基础设施和应用环境，虚拟化技术的发展热点和趋势不难预料。

目前，通过服务器虚拟化实现资源整合是虚拟化技术得到应用的主要驱动力。现阶段，服务器虚拟化的部署比桌面或存储虚拟化要多很多。但从整体来看，桌面和应用虚拟化在虚拟化技术的下一步发展中处于优先地位，仅次于服务器虚拟化。未来，桌面平台虚拟化将得到大量部署。

对于服务器虚拟化技术本身而言，随着硬件辅助虚拟化技术的日趋成熟，各厂商对自身软件虚拟化产品的持续优化，不同的服务器虚拟化技术在性能方面的差异日益减小。未来，虚拟化技术的热点将主要集中在安全、存储、管理等方面。

就当前来看，虚拟化技术的应用在虚拟化的性能、虚拟化环境的部署、虚拟机的零宕机、虚拟机长距离迁移、虚拟机软件与存储等设备的兼容性等方面均实现了突破。

第二节　虚拟化分类

虚拟化技术已经成为一个庞大的技术家族，形式多种多样，实现的应用也形成了体系。但对其分类，从不同的角度有不同的分法。从实现的层次可以分为基础设施化、系统虚拟化、软件虚拟化，从应用的领域可以划分为服务器虚拟化、存储虚拟化、应用虚拟化、平台虚拟化、桌面虚拟化。

一、从实现的层次划分

虚拟化技术、虚拟对象是 IT 资源，按照这些资源所处的层次可以划分出不同类型的虚拟化：基础设施化、系统虚拟化、软件虚拟化。目前，大家接触最多的就是系统虚拟化，例如 VMware Workstation 在个人计算机上虚拟出一个逻辑系统，用户可以在这个虚拟系统上安装和使用另一个操作系统及其上的应用程序，就如同在使用一台独立计算机。这样的虚拟系统称作“虚拟机”，像这样的 VMware Workstation 软件是虚拟化套件，负责虚拟机的创建、运行和管理。这仅仅是虚拟化技术的一部分，下面从层次上向读者介绍几种虚拟化技术[①]。

① 陈亚威，蒋迪．虚拟化技术应用与实践 [M]. 北京：人民邮电出版社，2019.

（一）基础设施虚拟化

网络、存储和文件系统同为支撑信息系统运行的重要基础设施，因此，将相关硬件（CPU、内存、硬盘、声卡、显卡、光驱）虚拟化、网络虚拟化、存储虚拟化、文件虚拟化归类为基础设施虚拟化。

硬件虚拟化是用软件虚拟一台标准计算机硬件配置，如 CPU、内存、硬盘、声卡、显卡、光驱等，成为一台虚拟裸机，可以在其上安装系统，代表产品有 VMware、Virtual PC、Virtual Box。

网络虚拟化将网络的硬件和软件资源整合，向用户提供网络连接的虚拟化技术。网络虚拟化可以分为局域网络虚拟化和广域网络虚拟化。在局域网络虚拟化技术中，多个本地网络被组合成为一个逻辑网络，或者一个本地网络被分割为多个逻辑网络，提高企业局域网或者内部网络的使用效率和安全性，典型代表是虚拟局域网（Virtual LAN，VLAN）。广域网络虚拟化技术中，应用最广泛的是虚拟专网（Virtual Private Network，VPN）。虚拟专网抽象网络连接，使得远程用户可以安全地访问内部网络，并且感觉不到物理连接和虚拟连接的差异。

存储虚拟化是为物理的存储设备提供统一的逻辑接口，用户可以通过统一逻辑接口来访问被整合的存储资源。存储虚拟化主要有基于存储设备的虚拟化和基于网络的存储虚拟化两种主要形式。基于存储设备的虚拟化，主要有磁盘阵列技术（Redundant Arrays of Independent Disks，RAID）。它是基于存储设备的存储虚拟化的典型代表，通过将多块物理磁盘组成为磁盘阵列，实现一个统一的、高性能的容错存储空间；存储区域网（Storage Area Network，SAN）和网络存储（Network AttachedUStorage，NAS），是基于网络的存储虚拟化技术的典型代表。SAN 是计算机信息处理技术中的一种架构，它将服务器和远程的计算机存储设备（如磁盘阵列、磁带库）连接起来，使得这些存储设备看起来就像是本地的一样。和 SAN 相反，NAS 使用基于文件（File-Based）的协议，如 NFS、SMB/CIFS 等，在这里仍然是远程存储，但计算机请求的是抽象文件中的一部分，而不是一个磁盘块。

文件虚拟化是指把物理上分散存储的众多文件整合为一个统一的逻辑接口，方便用户访问，提高文件管理效率。用户通过网络访问数据不需要知道真实的物理位置，还能够在一个控制台管理分散在不同位置存储于异构设备的数据。

（二）系统虚拟化

目前，对于大多数熟悉或从事 IT 工作的人来说，系统虚拟化是最广泛接受和认识的一种虚拟化技术。系统虚拟化实现了操作系统和物理计算机的分离，使得在一台物理计算机上可以同时安装和运行一个或多个虚拟操作系统。与使用直接安装在物理计算机上的操作系统相比，用户不能感觉出显著的差异。

系统虚拟化使用虚拟化软件在一台物理机上虚拟出一台或多台虚拟机（Machine，VM）。虚拟机是指使用系统虚拟化技术，运行在一个隔离环境中，具有完整的硬件功能的逻辑计算机系统。在系统虚拟化环境中，多个操作系统可以在同一台物理机上同时运行，复用物理机资源，互不影响。虚拟运行环境都需要为在其上面运行的虚拟机提供一套虚拟的硬件环境，包括虚拟的处理器、内存、设备与 I/O 及网络接口等。同时，虚拟运行环境也为这些操作系统提供硬件共享、统一管理、系统隔离等诸多特性。

系统虚拟化技术在日常应用的个人计算机中具有丰富的应用场景。例如，一个用户使用的是 Windows 系统的个人计算机，但需要使用一个只能在 Linux 下运行的应用程序，可以在个人计算机上虚拟出一个虚拟机安装 Linux 操作系统，这样就可以使用他所需要的应用程序了。

系统虚拟化更大的价值在于服务器虚拟化。目前，大量应用 x86 的服务器完成各种网络应用。大型的数据中心往往托管了数以万计的 x86 服务器。出于安全性和可靠性的考虑，通常每个服务器基本只运行一个应用服务，导致了服务器利用率低下，大量的计算资源被浪费。如果在同一台物理服务器上虚拟出多个虚拟服务器，每个虚拟服务器运行不同的服务，这样便可提高服务器的利用率，减少机器数量，降低运营成本、存储空间以及能耗，从而达到既经济又环保的目的。

除了在个人计算机和服务器上采用系统虚拟化以外，桌面虚拟化还解除了个人计算机桌面环境（包括应用程序和文件等）与物理机之间的耦合关系，达到在同一个终端环境运行多个不同系统的目的。经过虚拟化后的桌面环境被保存在远程的服务器上，当用户在桌面上工作时，所有的程序与数据都运行在这个远程的服务器上，用户可使用具有足够显示能力的兼容设备来访问桌面环境，如个人计算机、手机智能终端。

（三）软件虚拟化

除了基础设施虚拟化和系统虚拟化外，还有另一种针对软件平台的虚拟化技术，用户使用的应用程序和编程语言都存在相对应的虚拟化概念。这类虚拟化技术就是软件虚拟化，主要包括应用虚拟化和高级语言虚拟化。

应用虚拟化将应用程序与操作系统解耦合，为应用程序提供了一个虚拟的运行环境。这个环境不仅包括应用程序的可执行文件，还包括运行需要的环境。应用虚拟化服务器可以实时地将用户所需的程序组件推送到客户端的应用虚拟化运行环境。当用户完成操作、关闭应用程序后，所做的更改被上传到服务器集中管理。这样，用户将不再局限于单一的客户端，可以在不同终端使用自己的应用。

应用虚拟化领域目前有多种国内外产品，下面简单介绍几个有代表性的产品。

1. Microsoft Application Virtualization（App-V）

其前身是 Softgrid，被微软公司收购，主要针对企业内部的软件分发，方便了企业桌面的统一配置和管理，支持同时使用同一程序的不同版本，在客户端第一次运行程序时可以实现边用边下载等。但是对 Windows 外壳扩展程序的支持不够好，并且安装实施非常复杂，不是专业的管理员很难部署起来。

2. VMware Thin App

前身是 Thinstall，被 VMware 收购。不需要第三方平台，直接把虚拟引擎（重写了几百个 Windows 的 API）和软件打包成单文件，分发简单，支持同时运行一个软件的多个版本。但是和系统的结合不够紧密，比如说文件关联、类似于 Winrar 等的右键菜单、无法封装环境包（NET 框架、Java 环境）、无法封装服务。它主要用于企业软件分发。

3. Symantec Software Virtualization Solution（SVS）

SVS 于 2006 年左右被 Symantec 收购，它的虚拟引擎和虚拟软件包是分离的，能做到对应用程序的完美支持，包括支持 Windows 外壳扩展的程序，支持封装环境包（NET 框架、Java 环境）、支持封装服务，但是无法同时运行同一个软件的不同版本。它主要用于企业软件分发。

4. Install Free

Install Free 是后起之秀，其最大特色在于无须在干净的环境下打包软件也可以做到很好的兼容性，主要应用于企业软件的分发。打包软件是应用虚拟化技术的一大难题，要实现一个软件的随处免安装使用，就必须把软件正常安装后的文件都打成包，但如果系统不干净，就会造成打包文件的不完整，分发到其他计算机无法使用。

5. Sandbox IE

俗称沙盘，主要用于软件测试和安全领域。它像一个软件的囚笼，可以把软件安装在沙盘里，并运行在其中，软件的所有行为都不会影响到系统。如果软件带毒或被感染病毒，可以一下扫光，就像把一个真实沙盘里的各种沙造物体打碎，然后重来。

6. 云端软件平台（Softcloud）

这是应用虚拟化领域的优秀国产软件，面市不久，其实现原理与 SVS 类似。但其最大的特别之处在于，不是应用于企业市场，而是针对个人用户使用软件时的诸多问题和烦恼的解决方案。应用软件时无须安装，一点就用，不写注册表、不写系统；无用软件可以一键删除，快速干净不残留。而且最省事的一点是，在重装系统后，所有软件不用重装，因为在云端使用的软件在云端的缓存目录里，重装系统后只要安装云端，再次指定这个目录，所有软件就可以立即恢复使用，并且无须重新配置。

高级语言虚拟化解决的是可执行程序在不同计算平台间迁移的问题。在高级语言虚拟化中，由高级语言编写的程序被编译为标准的中间指令。这些中间指令被解释执行或被动态翻译执行，因而可以运行在不同的体系结构之上。例如，被广泛应用的 Java 虚拟机技术，它解除下层的系统平台（包括硬件与操作系统）与上层的可执行代码间的耦合，实现跨平台执行。用户编写的 Java 源程序通过 JDK 编译成为平台中立的字节码，作为 Java 虚拟机的输入。Java 虚拟机将字节码转换为特定平台上可执行的二进制机器代码，从而能够达到“一次编译，处处执行”的效果。

二、从应用的领域划分

从应用的领域划分，可以分为应用虚拟化、桌面虚拟化、服务器虚拟化、网络虚拟化、存储虚拟化。

（一）应用虚拟化

应用虚拟化是把应用对底层系统和硬件的依赖抽象出来，从而解除应用与操作系统和硬件的耦合关系。应用程序运行在本地应用的虚拟化环境中的时候，这个环境为应用程序屏蔽了底层可能与其他应用产生冲突的内容。

应用虚拟化是 SaaS 的基础。应用虚拟化需要具备以下功能和特点。

解耦合：利用屏蔽底层异构性的技术解除虚拟应用与操作系统和硬件的耦合关系。

共享性：应用虚拟化可以使一个真实应用运行在任何共享的计算资源上。

虚拟环境：应用虚拟化为应用程序提供了一个虚拟的运行环境，不仅拥有应用程序的可执行文件，还包括所需的运行环境。

兼容性：虚拟应用应屏蔽底层可能与其他应用产生冲突的内容，从而使其具有良好的兼容性。

快速升级更新：真实应用可以快速升级更新，通过流的方式将相对应的虚拟应用及环境快速发布到客户端。

用户自定义：用户可以选择自己喜欢的虚拟应用的特点及所支持的虚拟环境。

（二）桌面虚拟化

桌面虚拟化将用户的桌面环境与其使用的终端设备解耦。服务器上存放的是每个用户的完整桌面环境,用户可以使用不同终端设备通过网络访问该桌面环境。桌面虚拟化具有如下功能和接入标准：①集中管理维护。集中在服务器端管理和配置 PC 环境及其他客户端需要的软件，可以对企业数据、应用和系统进行集中管理、维护和控制，以减少现场支持工作量。②使用连续性。确保终端用户下次在另一个虚拟机上登录时依然可以继续以前的配置和存储文件内容，让使用具有连续性。③故障恢复。桌面虚拟化是用户的桌面环境被保存为一个个虚拟机，通过对虚拟机进行快照和备份，就可以快速恢复用户的故障桌面，并实时迁移到另一个虚拟机上继续进行工作。④用户自定义。用户可以选择自己喜欢的桌面操作系统、显示风格、默认环境，以及其他各种自定义功能。

（三）服务器虚拟化

服务器虚拟化技术可以将一个物理服务器虚拟成若干个服务器使用。服务器虚拟化是基础设施即服务（Infrastructure as a Service，IaaS）的基础。服务器虚拟化需要具备以下功能和技术：①多实例。在一个物理服务器上可以运行多个虚拟服务器。②隔离性。在多实例的服务器虚拟化中，一个虚拟机与其他虚拟机完全隔离，以保证良好的可靠性及安全性。③ CPU 虚拟化。把物理 CPU 抽象成虚拟 CPU，无论任何时间一个物理 CPU 只能运行一个虚拟 CPU 的指令，而多个虚拟机同时提供服务将会大大提高物理 CPU 的利用率。④内存虚拟化。统一管理物理内存，将其包装成多个虚拟的物理内存分别供给若干个虚拟机使用，使得每个虚拟机拥有各自独立的内存空间，互不干扰。⑤设备与 I/O 虚拟化。统一管理物理机的真实设备，将其包装成多个虚拟设备给若干个虚拟机使用，响应每个虚拟机的设备访问请求和 I/O 请求。⑥无知觉故障恢复。运用虚拟机之间的快速热迁移技术（Live Migration），可以使一个故障虚拟机上的用户在没有明显感觉的情况下迅速转移到另一个新开的正常虚拟机上。⑦负载均衡。利用调度和分配技术，平衡各个虚拟机和物理机之间的利用率。⑧统一管理。由多个物理服务器支持的多个虚拟机的动态实时生成、启动、停止、迁移、调度、负荷、监控等应当有一个方便易用的统一管理界面。⑨快速部署。整个系统要有一套快速部署机制，对多个虚拟机及上面的不同操作系统和应用进行高效部署、更新和升级。

（四）网络虚拟化

网络虚拟化也是基础设施即服务的基础。网络虚拟化是让一个物理网络能够支持多个逻辑网络，虚拟化保留了网络设计中原有的层次结构、数据通道和所能提供的服务，使得最终用户的体验和独享物理网络一样，同时网络虚拟化技术还可以高效地利用网络资源，如空间、能源、设备容量等。

网络虚拟化具有以下功能和特点：①网络虚拟化能大幅度节省企业的开销，一般只需要一个物理网络即可满足服务要求。②简化企业网络的运维和管理。③提高了网络的安全性。多套物理网时很难做到安全策略的统一和协调，在一套物理网中可以将安全策略下发到各虚拟网络中，各虚拟网络间是完全的逻辑隔离，一个虚拟网络上操作、变化、故障等不会影响到其他的虚拟网络。④提升了网络和业务的可靠性。如在虚拟网络中可以把多台核心交换机通过虚拟化技术融合为一台，当集群中一些小的设备发生故障时，整个业务系统不会有任何的影响。⑤满足新型数据中心应用程序的要求。如云计算、服务器集群技术等新数据中心应用都要求数据中心和广域网有高性能的可扩展的虚拟化能力。企业可以将园区和数据中心内的网络虚拟化，通过广域网扩展到企业分布在各地的小型数据中心、备份数据中心等。

（五）存储虚拟化

存储虚拟化也是基础设施即服务的基础。存储虚拟化将整个云计算系统的存储资源进行统一整合管理，为用户提供一个统一的存储空间。存储虚拟化具有以下功能和特点：①集中存储。存储资源统一整合管理，集中存储，形成数据中心模式。②分布式扩展。存储介质易于扩展，由多个异构存储服务器实现分布式存储，以统一模式访问虚拟化后的用户接口。③绿色环保。服务器和硬盘的耗电量巨大，为提供全时段数据访问，存储服务器及硬盘不可以停机。但为了节能减排、绿色环保，需要利用更合理的协议和存储模式，尽可能减少开启服务器和硬盘的次数。④虚拟本地硬盘。存储虚拟化应当便于用户使用，最方便的形式是将云存储系统虚拟成用户本地硬盘，使用方法与本地硬盘相同。⑤安全认证。新建用户加入云存储系统前，必须经过安全认证并获得证书。⑥数据加密。为了保证用户数据的私密性，将数据存储到云存储系统时必须加密，加密后的数据除了被授权的特殊用户外，其他人一概无法解密。⑦层级管理。支持层级管理模式，即上级可以监控下级的存储数据，而下级无法查看上级或平级的数据。

第三节　应用与桌面虚拟化

一、应用虚拟化

应用程序包括很多不同的程序部件，如动态链接库。如果一个程序的正确运行需要一个特定链接库，而另一个程序需要这个动态链接库的另一个版本，那么在同一个系统这两个应用程序就会造成动态链接库的冲突，其中一个程序会覆盖另一个程序动态链接库，造成程序不可用。因此，当系统或应用程序升级或打补丁时都有可能导致应用之间的不兼容。应用程序运行总是要进行严格而烦琐的测试来保证新应用与系统中的已有应用不存在冲突。这个过程需要耗费大量的人力、物力和财力。因此，应用虚拟化技术应运而生[①]。

（一）应用虚拟化的使用特点

应用程序虚拟化安装在一个虚拟环境里面，与操作系统隔离，拥有应用程序相关的所有共享资源，极大地方便了应用程序的部署、更新和维护。通常应用虚拟化与应用程序生命周期管理结合起来，使用效果比较好。

1. 部署方面

不需要安装。应用程序虚拟化的应用程序包会以流媒体部署到客户端，有点像绿色软件，只要复制就能使用，没有残留的信息。应用程序虚拟化并不会在移

① 王宏，简碧园，王翰韬，等．虚拟桌面操作系统的原理和应用[M]．武汉：中国地质大学出版社，2018.

除之后在机器上产生任何文件或者设置，不需要更多的系统资源。应用虚拟化和安装在本地的应用一样使用本地或者网络驱动器、CPU 或者内存事先配置好的应用程序。应用程序虚拟化的应用程序包本身就涵盖了程序所要的一些配置。

2. 更新方面

更新方便。只需要在应用程序虚拟化的服务器上进行一次更新即可。一旦在服务器端进行更新，客户端便会自动地获取更新版本，无须逐一更新。

3. 支持方面

第一，减少应用程序间的冲突。由于每个虚拟化过的应用程序均运行在各自的虚拟环境里，因此并不会有共享组件版本的问题，可以减少应用程序之间的冲突。第二，减少技术支持的工作量。应用程序虚拟化的程序跟传统安装本地的应用不同，需要经过封装测试才进行部署。此外，也不会因为使用者误删除某些文件导致无法运行，所以从这些角度来说，可以减少使用者对于技术支持的需求量。第三，增加软件的合规性。应用程序虚拟化需针对有需求的使用者进行权限配置才允许使用，这方便了管理员对于软件授权的管理。

4. 终止方面

完全移除应用程序，并不会对本地计算机有任何的影响，管理员只要在管理界面上进行权限设定，应用程序在客户端就会停止使用。

（二）应用虚拟化的优势

应用虚拟化把应用程序从操作系统中解放出来，使应用程序不受用户计算环境变化带来的影响，带来了极大的机动性、灵活性，显著提高了 IT 效率及安全性和控制力。用户无须在自己的计算机上安装完整的应用程序，也不受自身有限的计算条件限制即可获得极高的使用体验。

1. 降低部署与管理问题

应用程序之间的冲突，通过应用虚拟化技术隔离开来，减少了应用程序间的冲突、版本的不兼容性及多使用者同时存取的安全问题。在部署方面，操作系统会为应用虚拟化提供各自的虚拟组件、文件系统、服务等应用程序环境。

2. 部署预先配置好的应用程序

应用程序所有的配置信息根据使用者需要预先设定，并会封装在应用程序包里，最终部署到客户端计算机上。当退出应用程序的时候，相关配置会保存在使用者的个人计算机账户的配置目录里面，下一次使用应用程序时可回到原来的运行环境。

3. 在同一台计算机上运行不同版本的应用程序

企业常常会需要运行不同版本的应用程序。传统的方式用两台计算机运行，使管理复杂度和投资成本增大。应用程序虚拟化，使得使用者可以在相同的机器上运行不同的软件。

4. 提供有效的应用程序管理与维护

应用程序虚拟化过的包存储在一个文件夹中，并且在管理界面上，管理员可以轻松地对这些软件进行配置与维护。

5. 按需求部署

用户应用程序时，服务器会以流媒体的方式根据用户需要部署到客户端。例如，一个软件完全安装需要 1GB 的空间，但是使用者可能只使用到其中的 10%，服务器就只会传相应的信息到客户端，从而降低了网络流量。应用虚拟化大大地提升了部署效率及网络性能。

（三）应用虚拟化要考虑的问题

应用虚拟化在使用上要考虑如下几点：①安全性。应用虚拟化的安全性由管理员控制。管理员要考虑企业的机密软件是否允许离线使用，因而使用者可以使用哪些软件以及相关配置由管理员决定。此外，由于应用程序是在虚拟环境中运行的，在某种程度上避免了恶意软件和病毒的攻击。②可用性。应用虚拟化时，相关程序和数据集中摆放，使用者通过网络下载，所以管理员必须考虑网络的负载均衡和使用者的并发量。③性能考量。应用虚拟化的程序运行，采用本地 CPU、硬盘和内存，其性能除了考虑网络速度因素外，还取决于本地计算机的运算能力。

二、桌面虚拟化

桌面虚拟化将众多终端的资源集合到后台数据中心，以便对企业的成百上千个终端统一认证、统一管理，实现资源灵活调配。终端用户通过特殊身份认证，登录任意终端即可获取自相关数据，继续原有业务，极大地提高了使用的灵活性。

（一）桌面虚拟化优势

桌面虚拟化与传统的桌面部署模式相比，具有如下优点：第一，降低了功耗。虚拟桌面通常考虑使用瘦客户端，极大地节省了资源。第二，提高了安全性。虚拟桌面的操作系统在服务器中，因而比传统桌面 PC 更易于保护，免受恶意攻击，还可以从这个集中位置处理安全补丁。并且桌面虚拟化某种瘦客户端，可以减少病毒感染和数据被窃取的可能性。第三，简化了部署及管理。虚拟桌面可以集中控制各个桌面，不需要前往每个工作区就能迅速为虚拟桌面打上补丁。第四，降低了费用。虚拟桌面的使用同时降低了硬件成本和管理成本，极大地节省了费用。先构建一个允许用户共享的“主”系统磁盘镜像，桌面虚拟化系统在用户需要时做镜像备份，提供给用户。为了让不同的用户使用不同的应用程序，需要创建一个共享镜像的“基准”，在这个基准镜像上安装所有应用程序，保证公司内的每一个人都可以使用。然后，使用应用程序虚拟化包在每个用户的桌面上安装用户需要的个性化应用程序。

桌面虚拟化之所以在近年成为热点，一个很大的原因是相关产品的成熟和安全性能的提高。多个 IT 巨头纷纷推出了自己的桌面虚拟化产品。

（二）桌面虚拟化使用条件

桌面虚拟化使用瘦客户或其他设备通过网络登录用户自己的环境，因而需要如下使用条件：①健全的网络环境。网络作为桌面虚拟化的传输载体起着关键性作用，保证网络的稳定是桌面虚拟化实现的重要条件。②高可靠性的虚拟化环境。在桌面虚拟化环境中所有用户使用的桌面都运行在数据中心，其中的任何一个环节出现问题，都可能会导致整个桌面虚拟化环境崩溃，搭建高可用性、高安全性的数据虚拟化数据中心是关键。③改变原来的运维流程。应用桌面虚拟化环境后，如果遇到系统性问题，管理员基本不必到使用者现场对桌面进行维护，通过统一的桌面管理中心能够管理所有使用者的桌面，这和传统的运作维护流程不同。④充足的网络带宽。为了实现较好的用户体验，还需要具有充足的带宽以保证较好的图像显示。

第四节　服务器与网络虚拟化

一、服务器虚拟化

服务器虚拟化是指能够在一台物理服务器上运行多台虚拟服务器的技术，多个虚拟服务器之间的数据是隔离的，虚拟服务器对资源的占用是可控的，用户可以在虚拟服务器上灵活地安装任何软件①。

（一）服务器虚拟化架构

在服务器虚拟化技术中，被虚拟出来的服务器称为虚拟机（Virtual Machine，VM）。运行在虚拟机里的操作系统称为客户操作系统（Guest OS），负责管理虚拟机的软件称为虚拟机管理器（VMM），也称为Hypervisor。

服务器虚拟化通常有两种架构，分别是寄生架构（Hosted）与裸金属架构（Bare-Metal）。

1. 寄生架构

一般而言，寄生架构在操作系统之上再安装一个虚拟机管理器，然后用VMM创建并管理虚拟机。VMM看起来像是“寄生”在操作系统上的，该操作系统称为“宿主操作系统”（Host OS）。例如，Oracle公司的Virtual Box就是一种寄生架构。

2. 裸金属架构

裸金属架构是指将VMM直接安装在物理服务器之上而无须先安装操作系统的预装模式，再在VMM上安装其他操作系统（如Windows、Linux等）。由于VMM是直接安装在物理计算机上的，故称为“裸金属架构”，例如KVM、Xen、VMware ESx。裸金属架构是直接运行在物理硬件之上的，无须通过Host OS，所以性能比寄生架构更高。

用Xen技术实现裸金属架构服务器虚拟化，其中有三个Domain。Domain就是“域”，更通俗地说，就是一台虚拟机。Xen发布的裸金属版本里面就包含了一个裁剪过的Linux内核，它为Xen提供了除CPU调度和内存管理之外的所有功能，包括硬件驱动、I/O、网络协议、文件系统、进程通信等所有其他操作系统所做的事情。这个Linux内核就运行在Domain 0里面。启动裸金属架构的Xen时会自动启动Domain 0，Domain 1和Domain 2启动后，几个域相互可能会有一些通信，共用服务器资源。

从目前的趋势来看，虚拟化将成为操作系统本身功能的一部分。例如，KVM就是Linux标准内核的一个模块，微软公司的Windows 2008也自带Hyper-V。下面将介绍服务器几个关键部件的虚拟化方法，包括CPU、内存、I/O的虚拟化。

① 徐雷，郭志斌，李素粉，等．网络功能虚拟化技术与应用[M]. 北京：人民邮电出版社，2016.

（二）CPU 虚拟化

CPU 虚拟化是指将物理 CPU 虚拟成多个虚拟 CPU 供虚拟机使用。虚拟 CPU 分时复用物理 CPU，虚拟机管理器负责为虚拟 CPU 分配时间片，管理虚拟 CPU 的状态。

在 x86 指令集中，CPU 有 0 ~ 3 共四个特权级（Ring）。其中，0 级具有最高的特权，用于运行操作系统；3 级具有最低的特权，用于运行用户程序；1 级和 2 级很少使用。在对 x86 服务器实施虚拟化时，VMM 占据 0 级，拥有最高的特权级；而虚拟机中安装的 Guest OS 只能运行在更低的特权级中，不能执行那些只能在 0 级执行的特权指令。为此，在实施服务器虚拟化时，必须要对相关 CPU 特权指令的执行进行虚拟化处理，Guest OS 将有一定权限执行特权指令。

但是，Guest OS 中的某些特权指令，如中断处理和内存管理等指令，如果不运行在 0 级将会具有不同的语义，产生不同的效果，或者根本不产生作用。问题的关键在于这些在虚拟机里执行的敏感指令不能直接作用于真实硬件之上，而需要通过虚拟机监视器接管和模拟。这使得实现虚拟化 x86 体系结构比较困难。

为了解决 x86 体系结构下的 CPU 虚拟化问题，业界提出了全虚拟化（Full-Virtualization）和半虚拟化（Para-Virtualization）两种方法。业界还提出了在硬件层添加支持功能来处理这些敏感的高级别指令，实现基于硬件虚拟化（Hardware Assisted Virtualization）解决方案。

全虚拟化通常采用二进制代码动态翻译技术（Dynamic Binary Translation）来解决 Guest OS 特权指令问题。二进制代码动态翻译，在 Guest OS 的运行过程中，当它需要执行在第 0 级才能执行的特权指令时，会陷入运行在第 0 级的虚拟机中。虚拟机捕捉到这一指令后，将相应指令的执行过程用本地物理 CPU 指令集中的指令进行模拟，并将执行结果返回 Guest OS，从而实现 Guest OS 在较高一级环境下对特权指令的执行。全虚拟化将在 Guest OS 内核态执行的敏感指令转换成可以通过虚拟机运行的具有相同效果的指令，对于非敏感指令则可以直接在物理处理器上运行，Guest OS 就像是运行在真实的物理环境中。全虚拟化的优点在于代码的转换工作是动态完成的，无须修改 Guest OS，可以支持多种操作系统。然而，动态转换需要一定的性能开销。Microsoft PC、Microsoft Virtual Server、VMware WorkStation 和 VMware ESX Server 的早期版本都用的是全虚拟化技术。

半虚拟化通过修改 Guest OS 将所有敏感指令替换成底层虚拟化平台的超级调

用（Hypercall）来解决虚拟机执行特权指令的问题。虚拟化平台也为敏感指令提供了调用接口。半虚拟化中，经过修改的 Guest OS 知道处在虚拟化环境中，从而主动配合虚拟机，在需要的时候对虚拟化平台进行调用来完成敏感指令的执行。在半虚拟化中，Guest OS 和虚拟化平台必须兼容，否则无法有效地操作宿主物理机。Citrix 的 Xen、VMware 的 ESX Server 和 Microsoft 的 Hyper-V 的最新版本都采用了半虚拟化。

全虚拟化和半虚拟化都是纯软件的 CPU 虚拟化，不要求对 x86 架构下的 CPU 作任何改变。但是，不论是全虚拟化的二进制翻译技术还是半虚拟化的超级调用技术，都会增加系统的复杂性和开销，并且在半虚拟化中要充分考虑 Guest OS 和虚拟化平台的兼容性。

因而，基于硬件的虚拟化应运而生。该技术在 CPU 中加入了新的指令集和相关的运行模式来完成与 CPU 虚拟化相关的功能。目前，Intel 公司和 AMD 公司分别推出了硬件辅助虚拟化技术 Intel VT 和 AMD-V，并逐步集成到最新推出的微处理器产品中。Intel VT 支持硬件辅助虚拟化，增加了名为“虚拟机扩展”（Virtual Machine Extensions，VMx）的指令集，包括十几条的新增指令来支持与虚拟化相关的操作。此外，Intel VT 为处理器定义了两种运行模式：根模式（Root）和非根模式（Non-Root）。虚拟化平台运行在根模式，Guest OS 运行在非根模式。由于硬件辅助虚拟化支持 Guest OS 直接在 CPU 上运行，无须进行二进制翻译或超级调用，因此减少了相关的性能开销，简化了设计。目前，主流的虚拟化软件厂商也在通过和 CPU 厂商的合作来提高产品效率和兼容性。

现在，主流的虚拟化产品都已经转型到基于硬件辅助的 CPU 虚拟化。例如，KVM 在一开始就要求 CPU 必须支持虚拟化技术。此外，VMware、Xen、Hyper-V 等都已经支持基于硬件辅助的 CPU 虚拟化技术了。

（三）内存虚拟化

内存虚拟化技术把物理机的真实物理内存统一管理，包装成多个虚拟的物理内存，分别供若干个虚拟机使用，每个虚拟机拥有各自独立的内存空间。

为实现内存虚拟化，内存系统中共有三种地址：①机器地址（Machine Address，MA）。真实硬件的机器地址，在地址总线上可以见到的地址信号。②虚拟机物理地址（Guest Physical Address，GPA）。经过 VMM 抽象后虚拟机看到的伪物理地址。③虚拟地址（Virtual Address，VA）。Guest OS 为其应用程序提供的线性地址空间。

虚拟地址到虚拟机物理地址的映射关系记作 g，由 Guest OS 负责维护。对于 Guest OS 而言，它并不知道自己所看到的物理地址其实是虚拟的物理地址。虚拟机物理地址到机器地址的映射关系记作 f，由虚拟机管理器的内存模块进行维护。

普通的内存管理单元（Memory Management Unit，MMU）只能完成一次虚拟地址到物理地址的映射，但获得的物理地址只是虚拟机物理地址，而不是机器地址，所以还要通过 VMM 来获得总线上可以使用的机器地址。但是，如果每次内存访问操作都需要 VMM 的参与，效率将变得极低。为了实现虚拟地址到机器地址的高效转换，目前普遍采用的方法是由 VMM 根据映射 f 和 g 生成复合映射 $f \cdot g$，直接写入 MMU。具体的实现方法有以下两种。

1. 页表写入法

Xen 主要应用该技术，其主要原理：当 Guest OS 创建新页表时，VMM 从维护的空闲内存中分配页面并进行注册，以后 Guest OS 对该页表的写操作都会陷入 VMM 中进行验证和转换；VMM 检查页表中的每一项，确保它们只映射属于该虚拟机的机器页面，而且不包含对页表页面的可写映射；然后 VMM 会根据其维护的映射关系将页表项中的物理地址替换为相应的机器地址；最后再把修改过的页表载入 MMU，MMU 就可以根据修改过的页表直接完成从虚拟地址到机器地址的转换了。这种方式的本质是将映射关系 $f \cdot g$ 直接写入 Guest OS 的页表中，替换原来的映射 g。

2. 影子页表

影子页表与 MMU 半虚拟化的不同之处在于 VMM 为 Guest OS 的每一个页表维护一个影子页表，并将 $f \cdot g$ 映射写入影子页表中，Guest OS 的页表内容保持不变。最后，VMM 将影子页表写入 MMU。

影子页表的维护在时间和空间上开销较大。时间开销主要是由于 Guest OS 构造页表时不会主动通知 VMM，VMM 必须等到 Guest OS 发生缺页时才通过分析缺页原因为其补全影子页表。而空间的开销主要体现在 VMM 需要支持多台虚拟机同时运行，每台虚拟机的 Guest OS 通常会为其上运行的每一个进程创建一套页表系统，因此影子页表的空间开销会随着进程数量的增多而迅速增大。

为了权衡时间开销和空间开销，现在一般采用影子页表缓存（Shadow Page Table Cache）技术，即 VMM 在内存中维护部分最近使用过的影子页表，只有当缓存中找不到影子页表时才构建一个新的影子页表。当前主要的全虚拟化技术都采用了影子页表缓存技术。

（四）I/O 虚拟化

I/O 虚拟化就是通过截获 Guest OS 对 I/O 设备的访问请求，用软件模拟真实的硬件，复用有限的外设资源。I/O 虚拟化与 CPU 虚拟化是紧密相关的。例如，当 CPU 支持硬件辅助虚拟化技术时，往往在 I/O 方面也会采用 Direct I/O 等技术，使 CPU 能直接访问外设，以提高 I/O 性能。当前，I/O 虚拟化的典型方法如下。

1. 全虚拟化

VMM 对网卡、磁盘等关键设备进行模拟，以组成一组统一的虚拟 I/O 设备。Guest OS 对虚拟设备的 I/O 操作都会陷入 VMM 中，由 VMM 对 I/O 指令进行解析并映射到实际物理设备，直接控制硬件完成操作。这种方法可以获得较高的性能，而且对 Guest OS 是完全透明的。但 VMM 的设计复杂，难以应对设备的快速更新。

2. 半虚拟化

半虚拟化又叫作“前端 / 后端模拟”。这种方法在 Guest OS 中需要为虚拟 I/O 设备安装特殊的驱动程序，即前端（Front-end Driver）。VMM 中提供了简化的驱动程序，即后端（Back-end Driver）。前端驱动将来自其他模块的请求通过 VMM 定义的系统调用与后端驱动通信，后端驱动后会检查请求的有效性，并将其映射到实际物理设备，最后由设备驱动程序来控制硬件完成操作，硬件设备完成操作后再将通知发回前端。这种方法简化了 VMM 的设计，但需要在 Guest OS 中安装驱动程序甚至修改代码。基于半虚拟化的 I/O 虚拟化技术往往与基于操作系统的辅助 CPU 虚拟化技术相伴随，它们都是通过修改 Guest OS 来实现的。

3. 软件模拟

软件模拟即用软件模拟的方法来虚拟 I/O 设备，指 Guest OS 的 I/O 操作被 VMM 捕获并转交给 Host OS 的用户态进程，通过系统调用来模拟设备的行为。这种方法没有额外的硬件开销，可以重用现有的驱动程序。但是完成一次操作需要涉及多个寄存器的操作，使 VMM 要截获每个寄存器访问并进行相应的模拟，导致多次上下文切换。而且由于要进行模拟，因此性能较低。一般来说，如果在 I/O 方面采用基于软件模拟的虚拟化技术，其 CPU 虚拟化技术也应采用基于模拟执行的 CPU 虚拟化技术。

4. 直接划分

直接划分是指将物理 I/O 设备分配给指定的虚拟机，让 Guest OS 可以在不经过 VMM 或特权域介入的情况下直接访问 I/O 设备。目前与此相关的技术有 Intel 的 VT-d、AMD 的 IOMMU 及 PCI-SIG 的 IOV。这种方法重用已有驱动，直接访问也减少了虚拟化开销，但需要购买较多的额外硬件。该技术与基于硬件辅助的 CPU 虚拟化技术相对应。VMM 支持基于硬件辅助的 CPU 虚拟化技术，往往会尽量采用直接划分的方式来处理 I/O。

二、网络虚拟化

网络虚拟化是通过软件统一管理和控制多个硬件或软件网络资源及相关的网络功能，为网络应用提供透明的网络环境。该网络环境称为“虚拟网络”，形成该虚拟网络的过程称为“网络虚拟化”。

不同应用环境下，虚拟网络架构多种多样。不同的虚拟网络架构需要相应的技术作支撑。当前，传统网络虚拟化技术已经非常成熟，如 VPN、VLAN 等。而随着云计算的发展，很多新的问题不断涌现，对网络虚拟化提出了更大的挑战。服务器虚拟机的优势在于其更加灵活、可配置性更好，可以满足用户更加动态的需求。因此，网络虚拟化技术也紧随趋势，满足用户更加灵活、更加动态的网络结构的需求和网络服务要求，同时还必须保证网络的安全性。

具体地说，由于一个虚拟机上可能存在多个系统，系统之间通信就需要通过网络，但和普通的物理系统间通过实体网络设备互联不同，各个系统的网络接口也是虚拟的，因此不能直接通过实体网络设备互联。同时，外部网络又要适应虚拟机变化进行安全动态通信，拥有合理授权、保证数据不被窃听、不被伪造成为对网络虚拟化技术提出的新需求。

因此，在云计算环境下，网络虚拟化技术需要解决如下问题：①如何构建物理机内部的虚拟网络？②外部网络如何动态调整以适应虚拟机不灵活变化的要求？③如何确保虚拟网络环境的安全性？④如何对物理机内、外部的虚拟网络进行统一管理？

（一）传统网络虚拟化技术

传统的网络虚拟化技术主要是指 VPN 和 VLAN 这两种典型的传统网络虚拟化技术，对于改善网络性能，提高网络安全性、灵活性起到良好效果。

1. VPN

虚拟私有网络（Virtual Private Network，VPN）是指在公用网络上建立专用网络的技术。整个 VPN 网络的任意两个节点之间的连接并没有传统专网所需的端到端的物理链路，而是架构在公用网络服务商所提供的网络平台上。VPN 实质上就是利用加密技术在公网上封装出一个数据通信隧道。有了 VPN 技术，用户无论是在外地出差还是在家中办公，只要能上因特网就能利用 VPN 非常方便地访问内网资源。VPN 作为传统的网络虚拟化技术，对于提高网络安全性、提高网络应用效率起到良好作用。

2. VLAN

虚拟局域网（Virtual Local Area Network，VLAN）是一种将局域网设备从逻辑上划分成一个个网段，从而实现虚拟工作组的数据交换技术。应用 VLAN 技术，管理员根据实际应用需求把同一物理局域网内的不同用户逻辑地划分成不同的广播域，每一个 VLAN 都包含一组有着相同需求的计算机工作站，与物理上形成的 LAN 有着相同的属性。由于它是从逻辑上划分，而不是从物理上划分，因此同一个 VLAN 内的各个工作站没有限制在同一个物理范围中，即这些工作站可以在不同物理 LAN 网段。由 VLAN 的特点可知，一个 VLAN 内部的广播和单播流量都不会转发到其他 VLAN 中，从而有助于控制流量、减少设备投资、简化网络管理、提高网络的安全性。

（二）主机网络虚拟化

云计算的网络虚拟化归根结底是为了主机之间安全灵活地进行网络通信，因而主机网络虚拟化是云计算的网络虚拟化的重要组成部分。主机网络虚拟化通常与传统网络虚拟化相结合，主要包括虚拟网卡、虚拟网桥、虚拟端口聚合器。

1. 虚拟网卡

虚拟网卡就是通过软件手段模拟出来在虚拟机上看到的网卡。虚拟机上运行的操作系统通过虚拟网卡与外界通信。当一个数据包从 Guest OS 发出时，Guest OS 会调用该虚拟网卡的中断处理程序，而这个中断处理程序是模拟器模拟出来的程序逻辑。当虚拟网卡收到一个数据包时，它会将这个包从虚拟机所在物理网卡接收进来，就好像物理机自己接收一样。

2. 虚拟网桥

由于一个虚拟机上可能存在多个 Guest OS，各个系统的网络接口也是虚拟的，相互通信和普通的物理系统间通过实体网络设备互联不同，因此不能直接通过实体网络设备互联。这样，虚拟机上的网络接口可以不需要经过实体网络，直接在虚拟机内部虚拟网桥 VEB（Virtual Ethernet Bridges）进行互联。

虚拟网桥（VEB）上有虚拟端口（VLAN Bridge Ports），虚拟网卡对应的接口就是和网桥上的虚拟端口连接，这个连接称为 VSI（Virtual Station Interface，虚拟终端接口）。VEB 实际上就是实现常规的以太网网桥功能。一般来说，VEB 用于在虚拟网卡之间进行本地转发，即负责不同虚拟网卡间报文的转发。注意，VEB 不需要通过探听（Snooping）网络流量来获知 MAC 地址，因为它通过诸如访问虚拟机的配置文件等手段来获知虚拟机的 MAC 地址。

此外，VEB 也负责虚拟网卡和外部交换机之间的报文传输，但不负责外部交换机本身的报文传输。

3. 虚拟端口聚合器

虚拟以太网端口聚合器（Virtual Ethernet Port Aggregator，VEPA）将虚拟机上以太口聚合起来，作为一个通道和外部实体交换机进行通信，以减少虚拟机上网络功能负担。

VEPA 指的是将虚拟机上若干个 VSI 口汇聚起来，交换机发向各个 VSI 的报文首先到达 VEPA，再由 VEPA 负责朝某个 VSI 转发。另外，VSI 所生成的报文不通过 VEB 进行转发，而是全部汇聚在一起通过物理链路发送到交换机，由交换机完成转发，交换机将报文送回虚拟机或将报文转发到外网。这样既可以利用交换机实现更多的功能（如安全策略、流量监控统计），又可以减轻虚拟机上的转发负担。VEPA 负责汇聚三个 VSI 的流量，再转发到邻接桥上。

根据原来的转发规则，一个端口收到报文后，无论是单播还是广播，该报文不能再从接收端口发出。由于交换机和虚拟机只通过一个物理链路连接，要将虚拟机发送来的报文转发回去，就要对网桥转发模型进行修订。为此，802.1Qbg 中在交换机桥端口上增加了一种 Reflective Relay 模式。当端口上支持该模式，并且该模式打开时，接收端口也可以成为潜在的发送端口。

VEPA 只支持虚拟网卡和邻接交换机之间的报文传输，不支持虚拟网卡之间的报文传输，也不支持邻接交换机本身的报文传输。对于需要获取流量监控、防火墙或其他连接桥上的服务的虚拟机可以考虑连接到 VEPA 上。

由于 VEPA 将转发工作都推卸到了邻接桥上，因此 VEPA 就不需要像 VEB 那样支持地址学习功能来负责转发。实际上，VEPA 的地址表是通过注册方式来实现的，即 VSI 主动到 hypervisor 注册自己的 MAC 地址和 VLAN ID，然后 hypervisor

更新 VEPA 的地址表。

（三）网络设备虚拟化

随着因特网的快速发展，云计算兴起，需要的数据越来越庞大，用户的带宽需求不断提高。在这样的背景下，不仅服务器需要虚拟化，网络设备也需要虚拟化。目前国内外很多网络设备厂商如锐捷、思科都生产出相应产品，应用于网络设备虚拟化，取得了良好的效果。

网络设备的虚拟化通常分成两种形式。一种是纵向分割，另一种是横向整合。将多种应用加载在同一个物理网络上，势必需要对这些业务进行隔离，使它们相互不干扰，这种隔离称为“纵向分割”。VLAN 就是用于实现纵向隔离技术的。但是，最新的虚拟化技术还可以对安全设备进行虚拟化。例如，可以将一个防火墙虚拟成多个防火墙，使防火墙用户认为自己独占该防火墙。下面从虚拟交换单元、虚拟交换机、虚拟机迁移等方面探讨网络设备虚拟化。

1. 虚拟交换单元

虚拟交换单元（Virtual Switch Unit，VSU）技术将两台核心层交换机虚拟化为一台，VSU 和汇聚层交换机通过聚合链路连接，将多台物理设备虚拟为一台逻辑上统一的设备，使其能够实现统一的运行，从而达到减小网络规模、提升网络高可靠性的目的。

VSU 的组网模式还具有以下优势：首先，简化了网络拓扑。VSU 在网络中相当于一台交换机，通过聚合链路和外围设备连接，不存在二层环路，没必要配置 MSTP 协议，各种控制协议是作为一台交换机运行的，例如单播路由协议。VSU 作为一台交换机，减少了设备间大量协议报文的交互，缩短了路由收敛时间。其次，这种组网模式的故障恢复时间缩短到了毫秒级。VSU 和外围设备通过聚合链路连接，如果其中一条成员链路出现故障，切换到另一条成员链路的时间是 50 ~ 200ms。最后，VSU 和外围设备通过聚合链路连接，既提供了冗余链路，又可以实现负载均衡，充分利用所有带宽。

2. 虚拟交换机

虚拟交换机（vSwitch）作为最早出现的一种网络虚拟化技术，已经在 Linux Bridge、VMWare vSwitch 等软件产品中实现。所谓 vSwitch，就是基于软件的虚拟交换，不涉及外部交换机。该技术最大的优点就是流量完全在服务器上进行传递，能够享受到最大的带宽和最小的延迟。

VEB 和 VEPA 被看成了网络虚拟化的两个方向。VEB 朝的是低延迟方向，流量在服务器内平行流动，因此称为“东西流策略”；VEPA 朝的是多功能方向，流量需要在服务器和交换机之间传递，因此称为“南北流策略”。

由于仅靠软件来实现虚拟网桥会影响到服务器的硬件性能，因此出现了单一源 I/O 虚拟化（SR-IOV）技术，也就是将 vSwitch 技术在网卡 NIC 上实现。

VEB 直接嵌入在物理 NIC 中，负责虚拟 NIC 之间的报文转发，也负责将虚拟 NIC 发送的报文通过 VEB 上链口发到邻接桥上。相较于虚拟机上通过软件实现交换，由硬件 NIC 实现交换可以提高 I/O 性能，减轻了由于软件模拟交换机而给服务器 CPU 带来的负担。而且由于是通过 NIC 硬件来实现报文传输，因此提高了虚拟机和外部网络的交互性能。

3. 虚拟机迁移

在大规模计算资源集中的云计算数据中心，以 x86 架构为基准的不同服务器资源通过虚拟化技术将整个数据中心的计算资源统一抽象出来，形成可以按一定粒度分配的计算资源池。虚拟化后的资源池屏蔽了各种物理服务器的差异，形成了统一的、云内部标准化的逻辑 CPU、逻辑内存、逻辑存储空间、逻辑网络接口，任何用户使用的虚拟化资源在调度、供应、度量上都具有一致性。

虚拟化技术不仅消除了大规模异构服务器的差异化，而且其形成的计算池可以具有超级的计算能力，一个云计算中心物理服务器达到数万台是一个很正常的规模。一台物理服务器上运行的虚拟机数量是动态变化的，当前一般是 4 ~ 20 个，某些高密度的虚拟机可以达到 100 ： 1 的虚拟比（即一台物理服务器上运行 100 个虚拟机），在 CPU 性能不断增强（主频提升、多核多路）、当前各种硬件虚拟化（CPU 指令级虚拟化、内存虚拟化、桥片虚拟化、网卡虚拟化）的辅助下，物理服务器上运行的虚拟机数量会迅猛增加。一个大型 IDC 中运行数十万个虚拟机是可预见的，当前的云服务 IDC 在业务规划时已经在考虑这些因素。

虚拟化的云中，计算资源能够按需扩展、灵活调度部署，这由虚拟机的迁移功能实现。虚拟化环境的计算资源必须在二层网络范围内实现透明化迁移。

透明环境不仅限于数据中心内部，对于多个数据中心共同提供的云计算服务，要求云计算的网络对数据中心内部、数据中心之间均实现透明化交换，这种服务能力可以使客户分布在云中的资源逻辑上相对集中（如在相同的一个或数个 VLAN 内），而不必关心具体物理位置。对云服务供应商而言，透明化网络可以在更大的范围内优化计算资源的供应，提升云计算服务的运行效率，有效节省资源和成本。

虚拟化技术是云计算的关键技术之一，将一台物理服务器虚拟化成多台逻辑虚拟机（VM），不仅可以大大提升云计算环境IT计算资源的利用效率、节省能耗，而且，虚拟化技术提供的动态迁移、资源调度使得云计算服务的负载可以得到高效管理、扩展，云计算的服务更具有弹性和灵活性。

服务器虚拟化的一个关键特性是虚拟机动态迁移，迁移需要在二层网络内实现。数据中心的发展正在经历从整合、虚拟化到自动化的演变，基于云计算的数据中心是未来更远的目标。如何简化二层网络，甚至是跨地域二层网络的部署，解决生成树无法大规模部署的问题，是服务器虚拟化对云计算网络层面带来的挑战。

第五节　存储虚拟化

虚拟存储技术将底层存储设备进行抽象化的统一管理，向服务器层屏蔽存储设备硬件的特殊性，而只保留其统一的逻辑特性，从而实现对存储系统集中、统一而又方便的管理。对比一个计算机系统来说，整个存储系统中的虚拟存储部分就像计算机系统中的操作系统，对下层管理着各种特殊而具体的设备，而对上层则提供相对统一的运行环境和资源使用方式。

一、存储虚拟化概述

SNIA（Storage Networking Industry Association，存储网络工业协会）对存储虚拟化是这样定义的：通过将一个或多个目标（Target）服务或功能与其他附加的功能集成，统一提供有用的全面功能服务。当前存储虚拟化建立在共享存储模型的基础之上，主要包括三个部分，分别是用户应用、存储域和相关的服务子系统。其中，存储域是核心，在上层主机的用户应用与部署在底层的存储资源之间建立了普遍的联系，其中包含多个层次；服务子系统是存储域的辅助子系统，包含一系列与存储相关的功能，如管理、安全、备份、可用性维护及容量规划等[①]。

存储虚拟化可以按实现不同层次划分为基于主机的虚拟化、基于网络的虚拟

① 孙丽丽，王伟峰，丁鹏，等.网络存储与虚拟化技术[M].北京：北京航空航天大学出版社，2013.

化和基于设备的虚拟化；从实现的方式划分，存储虚拟化可以分为带内虚拟化和带外虚拟化。

二、存储虚拟化的分类

（一）按照不同层次划分存储虚拟化

存储的虚拟化可以在三个不同的层面上实现，包括基于专用卷管理软件在主机服务器上实现基于主机的存储虚拟化；利用专用的虚拟化引擎在存储网络上实现基于网络的存储虚拟化；利用阵列控制器的固件（Firmware）在磁盘阵列上实现基于设备的存储虚拟化。具体使用哪种方法来做，应根据实际需求来决定。

1. 基于主机的存储虚拟化

基于主机的存储虚拟化通常由主机操作系统下的逻辑卷管理软件（Logical Volume Manager）来实现。不同操作系统的逻辑卷管理软件也不相同。它们在主机系统和 UNIX 服务器上已经有多年的广泛应用，目前在 Windows 操作系统上也提供类似的卷管理器。

基于主机的虚拟化的主要用途是使服务器的存储空间可以跨越多个异构的磁盘阵列，常用于在不同磁盘阵列之间作数据镜像保护。如果仅仅需要单个主机服务器（或单个集群）访问多个磁盘阵列，就可以使用基于主机的存储虚拟化技术。此时，虚拟化的工作通过特定的软件在主机服务器上完成，而经过虚拟化的存储空间可以跨越多个异构的磁盘阵列。

优点：支持异构的存储系统，不占用磁盘控制器资源。

缺点：占用主机资源，降低应用性能。存在操作系统和应用的兼容性问题。主机数量越多，实施和管理成本越高。

2. 基于网络的存储虚拟化

基于存储网络的虚拟化通过在存储域网（SAN）中添加虚拟化引擎，实现异构存储系统整合和统一数据管理。也就是多个主机服务器需要访问多个异构存储设备，从而实现多个用户使用相同的资源，或者多个资源为多个进程提供服务。基于存储网络的虚拟化可以优化资源利用率，是构造公共存储服务设施的前提条件。

当前基于存储网络的虚拟化已经成为存储虚拟化的发展方向，这种虚拟化工作需要使用相应的专用虚拟化引擎来实现。目前，市场上的 SAN Appliances 专用存储服务器，或是建立在某种专用的平台上，或是在标准的 Windows、UNIX 和

Linux 服务器上配合相应的虚拟化软件而构成。在这种模式下，因为所有的数据访问操作都与 SAN Appliances 相关，所以必须消除它的单点故障。在实际应用中，SAN Appliances 通常都是冗余配置的。

优点：与主机无关，不占用主机资源；能够支持异构主机、异构存储设备；使不同存储设备的数据管理功能统一；构建统一管理平台，可扩展性好。

缺点：占用交换机资源；面临带内、带外的选择；存储阵列的兼容性需要严格验证；原有盘阵的高级存储功能将不能使用。

3. 基于设备的存储虚拟化

基于设备的存储虚拟化用于异构存储系统整合和统一数据管理，通过在存储控制器上添加虚拟化功能实现，应用于中高端存储设备。具体地说，当有多个主机服务器需要访问同一个磁盘阵列时，可以采用基于阵列控制器的虚拟化技术。此时，虚拟化的工作是在阵列控制器上完成，将一个阵列上的存储容量划分为多个存储空间（LUN），供不同的主机系统访问。

智能的阵列控制器提供数据块级别的整合，同时还提供一些附加的功能，如 LUN Masking、缓存、即时快照、数据复制等。配合使用不同的存储系统，这种基于存储设备的虚拟化模式可以实现性能的优化。

优点：与主机无关，不占用主机资源；数据管理功能丰富；技术成熟度高。

缺点：消耗存储控制器的资源；接口数量有限，虚拟化能力较弱；异构厂家盘阵的高级存储功能将不能使用。

（二）按照实现方式不同划分存储虚拟化

按照实现方式不同存储虚拟化有两种方式，分别为带内存储虚拟化和带外存储虚拟化。带内虚拟化引擎位于主机和存储系统的数据通道中间（带内，In-Band）；带外虚拟化引擎是一个数据访问必须经过的设备，位于数据通道之外（带外，Out-of-Band），仅向主机服务器传送一些控制信息（Metadata）来完成物理设备和逻辑卷之间的地址映射。

1. 带内虚拟化

带内虚拟化引擎位于主机和存储系统的数据通道中间，控制信息和用户数据都会通过它，而它会将逻辑卷分配给主机，就像一个标准的存储子系统一样。因为所有的数据访问都会通过这个引擎，所以它可以实现很高的安全性。就像一个存储系统的防火墙，只有它允许的访问才能够通行，否则就会被拒绝。

带内虚拟化的优点是可以整合多种技术的存储设备，安全性高。此外，该技术不需要在主机上安装特别的虚拟化驱动程序，比带外的方式易于实施。其缺点是当数据访问量异常大时，专用的存储服务器会成为瓶颈。

目前市场上使用该技术的产品主要有 IBM 的 TotalStorage SVC，HP 的 VA、EVA 系列，HDS 的 TagmaStore，NetApp 的 V-Series 及 H3C 的 IV5000。

2. 带外虚拟化

带外虚拟化引擎是一个数据访问必须经过的设备，通常利用 Caching 技术来优化性能。带外虚拟化引擎物理上不位于主机和存储系统的数据通道中间，而是通过其他的网络连接方式与主机系统通信。于是，在每个主机服务器上都需要安装客户端软件，或者特殊的主机适配卡驱动，这些客户端软件接收从虚拟化引擎传来的逻辑卷结构和属性信息，以及逻辑卷和物理块之间的映射信息，在 SAN 上实现地址寻址。存储的配置和控制信息由虚拟化引擎负责提供。

该方式的优点是能够提供很好的访问性能，并无须对现存的网络架构进行改变。其缺点是数据的安全性难以控制。此外，这种方式的实施难度大于带内模式，因为每个主机都必须有一个客户端程序。也许就是这个原因，目前大多数的 SAN Appliances 都是采用带内的方式。

目前市场上使用该技术的产品主要有 EMC 的 InVista 和 StoreAge 的 SVM。

第九章　云计算的应用及发展展望

第一节　云计算的典型行业应用

一、云计算在教育领域的应用

教育是一个国家的根本，与此同时，全社会对它的关注度都非常高。教育科研领域的信息化建设就是融合最新的电子信息技术、网络技术及其他先进技术，以达到提高教学效果、促进教育科研成果流通的目的，从而促进社会的进步①。

（一）云计算在课堂教学中的应用

在传统的授课方式中，老师对知识点的讲解是通过口述加板书的方式展开的，知识点没法直接地体现出来，学生也就缺乏对知识点的直观感受。针对这一问题，教师为了增强学生对知识点的亲身感受和提高学生的实际动手能力，就不得不借助相关渠道来实现。近些年来，随着电子信息技术、网络技术的不断发展，相继出现了多媒体教学系统、语言实验室、多媒体网络录播系统等新兴教育模式，在这些教育模式中，教育内容的直观性有了明显提高，教学的互动性有了显著增加，学生的学习积极性有了显著提高，进而提高了学生的想象力和创造力。然而，仅有以上这些新兴教育模式是远远不够的，想要实现这些丰富的教学内容的共享，需要借助于高效、普遍的信息化基础设施来完成，而云计算就是这种高效的、普遍的信息化基础设施。

从教育资源的分布情况来看，如果说采用的是大范围分散式的模式的话，就会出现投入巨大且效率无法让人满意的情况。因此，教育行业可以利用云计算可集中管理的这个特点来建立信息化基础设施，借助于网络和多媒体技术，使优质教学资源的共享和新型教学方式的推广得以实现。该方案在投入效率得以提高的同时，也会促进教育资源的公平分布，使边远和落后地区的学生们最终受益。目

① 李慧玲．云计算技术应用研究 [M]. 成都：电子科技大学出版社，2017.

前，教育信息化建设的重要方向就是基于云计算技术实现“教育云”平台的搭建。比如，在全国范围试点推广的“电子书包”计划也是云计算在教育领域的典型体现。在“电子书包”计划中，学生们的沉重书包将由一台轻薄、具有触控式屏幕的电脑来替代，在校园内只要有网络的存在，学生即可进行移动式学习。网络连接的后端即“教育云”平台，在这个平台上存储着大量的教学资源以及方便师生间互动的空间和工具等。

（二）云计算在教学实验中的应用

实验是教学中的重要一环，学生通过动手实验来获取知识，探索新的领域。然而，学校拥有的资源常常不能保证每个学生都拥有自己的实验室。而云计算通过开发测试资源共享和远程桌面共享的方式，可以很好地实现“每个师生拥有一个虚拟实验室”的设想。

虚拟实验室通过标准化环境建设完成实验室环境准备，通过虚拟化资源池建设完成实验室环境搭建，通过自动化方式完成实验资源申请、回收、监控和管理，通过虚拟桌面的方式完成远程访问。

实际上，这种虚拟实验室的方式在发达国家已经开始建立。例如，在 2008 年 7 月 30 日，美国国家科学基金会（NSF）的计算机信息科学与工程中心（CISE）宣布将资助伊利诺伊州立大学（UIUC）在位于巴那市和香槟市之间的校园内建立云计算实验中心。该平台将由伊利诺伊州立大学管理，作为开放的资源提供给其他从事数据密集型计算研究的机构使用。例如医学、生物学、物理学气象学和经济学等。

（三）云计算在远程教育中的应用

区域开放远程“教育云”服务平台总体框架横向分为展示层、应用层、数据资源层和云基础设施层，纵向分为安全管理、机制管理，标准规范等建设以及综合运维管理平台。

1. 资源云的应用模式

（1）跨终端的资源应用与推送

重点解决不同终端间的资源共享问题，主要就是像 dropbox、快盘一样的功能，可以根据教育特性对资源进行有效分类，并基于云实现统一管理，实现协同办公。

（2）课堂环境下云资源的推送与共享

基于地理环境感知、个体终端绑定，实现资源的自动推送与共享，如上课的视频、白板操作的上传共享。在云计算环境下，需要构建支持网络学习和课堂教学环境下的云服务。

2. 云计算环境下的电子商务模式

云计算模式使得商业智能级的经营决策模式成为可能。所谓商业智能（BI），是指将企业中现有的数据转换为知识，帮助企业作出明智的业务经营决策的工具。在这个模式中，主要包括三个“云”，即基础云平台层、基础云服务层、企业应用云层。

（四）云计算在教辅中的应用

在“教育云”的平台上，学校的行政管理能力有了显著提高，学校的各种信息化系统也实现了有效整合，如办公自动化系统、学生信息系统、教学管理和教育效果评估系统等。智慧校园、数字化校园可以说就是“教育云”的一种体现。在“教育云”的平台上，学校管理者能够对教学效果进行监控，经过相关研究分析之后，从而达到提高教学质量的目的。通过前面的探讨我们可以得出，“教育云”即云计算在教研、教学和教辅三大领域的应用统称。鉴于“教育云”在提高教学质量、促进社会进步方面的独特优势，对国家来说，“教育云”的打造就显得既重要又迫切。立足于更高的层次，“教育云”不应该仅仅局限于国家的内部，还应该从全球的角度出发，建立一个全球化的“教育云”。在全球化“教育云”的平台基础上，学生能够接触到全世界的先进文化知识，教育机构也可以实现跨国界的交流与合作，强化教育内容体系，在提高国民对传统文化和国家认同感的同时，实现全球文化、科技乃至价值观的交流。

要想打造一个成功的“教育云”，需要考虑以下关键因素：①使用者的教育方式和理念。和传统的教育模式进行对比，教师需要具有更高的信息素养，需要提高自己的创新能力，学生需要更多的互动，以期能够提高其学习的积极性。在该平台上，家长能够和学校、教师进行更好的交流，能够进一步了解到学生的学习情况。②政府的积极介入和管理。引导和推广的角色需要由政府来扮演，例如，提供符合“教育云”平台要求的教师培训体系。为了鼓励更多的企业和学校参与到“教育云”平台的建设中，可以制定相应的政策，对为“教育云”平台的建设作出卓越贡献的单位或个人进行补助或奖励。③适应现代信息化环境的教育教学方式。在日常的教学工作过程中，教师要时刻注意提高自身的信息素养，多利用信息化手段开展教学工作，提高教学效果，教育产业应该尽可能地开放形式多样的、丰富的信息化教学内容，借助于信息化工具，实现学校、社会和家长的经常性互动。④健康的产业链及生态环境。需要独立软件开发商、T 硬件设备生产商、数字内容提供商的共同努力，以期完成“教育云”的建设和维护，使优质的“教育市集”得以创造出来。这样，整体成本降低的同时，也实现了优秀的教育服务。

二、云计算在医疗领域的应用

相关报道指出，中国某一线城市，每年挂专家号的人次在 1 亿以上，而该城市每年可接待专家问诊的能力在 100 万左右。实际上，大量挂专家号的患者，很多只是感冒之类的小症状，在大型专科或综合性医院求医是完全没有必要的。资源调配的不合理对医疗行业的整体效率造成了严重影响，也直接导致了医疗质量难以保证、地区之间参差不齐以及医患纠纷增多等状况。

这种现象的产生与 IT 系统的建设模式有很大联系。在传统的医疗系统中，服务器、网络和存储等 IT 基础设施往往是分散而隔离的，其维护和使用是由不同的医疗机构或者同一医疗机构的不同部门单独完成的。对信息的有效共享和对医疗系统的统筹管理在这些分离的系统中是无法实现的。而云计算的出现为实现医疗信息系统的联合优化和动态管理提供了可能。这些分散的系统通过云计算能够整合在一起，形成统一的医疗信息基础设施，提供类型多样的健康管理应用，为每一个人制定个性化的方案。

此外，在生物医学和个性药物的研究过程中，也会涉及大量的数据处理和计算。云计算节约资源、便利管理的特性也将提高这些领域的研究效率。

为此，基于云计算的医疗行业解决方案是很多国家的政府都在考虑的。例如，美国的医疗计划有一个预期目标就是通过云计算改造现有的医疗系统，让每个人都能在学校、图书馆等公共场所连接到全美的医院，查询最新的医疗信息。丹麦政府计划通过云计算建立全国性的医疗体系，对该国药品管理局的工作流程进行改善，并将优化的流程推广至药商甚至全丹麦的医药行业。

政府正在全力推广以电子病历为先导的智能医疗系统，要对医疗行业中的海量数据进行存储、整合和管理，满足远程医疗的实时性要求。智能医疗系统的建立的理想解决方案就是云计算，通过将电子健康档案和云计算平台融合在一起，每个人的健康记录和病历都能够被完整地记录和保存下来，在恰当的时候为医疗机构、主管部门、保险机构和科研单位所使用。

同时,"健康云"在一些知名的医疗研究机构也开始被使用起来。美国哈佛医学院是最早部署和使用云计算平台的医疗机构之一，它所建立的私有"医疗云"已经成为其日常医疗和研究工作中非常重要的一个环节。哈佛医学院的研究人员和工作室分布在波士顿的多个地点，其中有六个基础研究实验室、50个门诊部、17个附属的研究所和医院等。其间进行的个性化医疗和基因研究等的项目需要海量的数据处理能力作为支撑,不同的研究小组对IT环境和资源的要求也存在一定的差异。随着学院规模的不断扩大，IT部门面临着巨大的压力。就此，哈佛医学院希望通过云计算能够有效解决在各个研究小组和机构之间实时、动态、按需调配计算资源的问题，以减少日常的管理和维护成本，将精力集中投入与医学研究相关的任务上来。哈佛医学院将自己的IT平台搭建在Amazon EC2之上,形成了私有的"健康云",以期在所管辖的不同研究机构之间能够有效实现共享。除此之外，该机构采用一系列成熟的云环境管理工具，将研究人员从底层的管理实施细节中解脱出来，使管理成本相比之前下降了80%左右。

三、云计算在电信领域的应用

云计算不是凭空而来的,而是在之前对IT基础技术深入研究和不断拓展的基础上建立和实施的。而电信运营商在IT技术方面，无论是实际应用，还是试验环境，抑或是可投入的资本方面，都有着其他行业所不具备的得天独厚的优势，这也就预示着云计算在电信行业领域可得到充分的应用。国内三大运营商出于对自身业务发展情况及其拥有核心资源的考虑，他们对云计算的见解和侧重发展的云计算的方面也有一定的差异。

在这三大运营商中，中国移动服务的用户数量最为庞大，每个用户平均收入值的提高是其重点关注的，而云计算的先进理念和强大功能为开展多种增值业务的拓展提供了切入点。2010年，中国移动发布了"大云平台"1.0版本，该平台可实现分布式文件系统、弹性计算系统、分布式海量数据仓库、集群管理、云存储系统、并行数据挖掘工具等功能。2012年，中国移动大云2.0发布成功。2013年，中国移动又发布了大云2.5。由此可见，中国移动对云计算是非常重视的，对云计算的投资力度非常大，同时也推动了云计算在电信运营商行业的应用。

2013年，由中国联通主导的标准Y.3501——云计算框架及高层需求在ITU-T的官方网站上正式发布。ITU-T云计算Y.3500系统标准中的第一个标准——标准

Y.3501，也是第一个国际上的云计算框架性标准，标志着云计算标准化进入了新阶段；本标准的正式发布，标志着中国联通在云计算领域取得的成就，标志着我国在云计算标准化领域有了突破性进展，对云计算国际标准的研究和制定有很大影响。与此同时，在中国联通的联通沃云等项目的研发中也可以看到标准 Y.3501 的身影。联通沃云是中国联通结合云计算开发的一项全新的云计算服务，该服务也是中国联通为了抢占“云计算”先机的品牌服务项目。

在我国三大运营商（中国移动、中国联通、中国电信）中，无论是在业务支撑系统、增值业务系统方面，还是在企业内部 IT 管理系统、测试和离线运行环境，抑或是在互联网数据中心（IDC）方面，云计算的可利用空间都非常大。除此之外，比如像移动支付等新业务模式，运营商都可通过云计算来促成这新业务模式的开发和实现。

云计算能够为以上各个领域带来利润率的提高和运营成本的降低，通过对资源进行虚拟化管理以及实现资源的共享，提高资源的利用率，降低投入，从而使得利润率得到有效提高；管理成本的降低可以通过资源的自动化和精细化管理来实现，进而降低运营成本。针对各个领域，云计算能为其带来如下特有的价值。

（一）业务支持系统

在业务高峰期间，更多资源可通过云计算来进行分配，保证了客户享有的服务，使客户满意度得以有效提高；实现了如网站、外网门户、数据集市、接口服务等边缘化应用的集中化动态部署，提高了集中管理水平。

（二）增值业务

云计算能够根据市场反应和用户反馈情况，做到对增值业务、资源使用的动态调整，在此基础上，企业就会加大对更多营收增值业务的投入力度；能够及时调整和释放对运营周期短、市场反映不是特别好的增值业务在资源方面的占用，使资源利用率最大化；通过降低合作伙伴的进入技术门槛，丰富产品组合，从而达到增加营业收入的目的。

（三）互联网数据中心

借助于云计算的先进技术，使业务创新、上线的效率得以有效提高，在短时间内实现业务的部署，提高自身实力，进而实现营业收入的增加。

（四）企业内部 IT 管理系统

有了云计算，全企业实现统一的 IT 基础环境便可成为现实，集中化管理得以落地实现，避免了重复建设，降低了企业投入。

（五）测试和离线运行环境

可以根据项目的具体需求，借助于云计算技术实现定制化的搭建，使资源利用率得以提高，在一定程度上降低运营维护工作量和成本。纯手工搭建测试平台需要投入较多的人力和物力，且非常容易出错，这些问题都在云计算平台上搭建测试和离线运行环境中得到了很好的解决，把可以离线运行的业务转移到测试环境中运行，尽可能地降低现有业务系统的运行压力。

云计算在电信行业的应用，可通过一个 IDC 的云计算实践为切入点帮助读者理解。

早期的 IDC 业务集中在主机托管，资源出租，高速接入，应用托管，企业网站建设、管理以及维护这几个方面。最近几年，IDC 又相继推出了负载均衡、集群服务、Web 缓存服务、VPN 服务、网络存储服务和网络安全服务等增值业务，这些都是以满足业务的发展和客户增长的需求为出发点的。截至目前，市场的主体依然是主机托管。

目前，各大电信运营商相继加快了数据中心的改造，之所以会出现这种情况，各大电信运营商是出于以下两个方面的考虑：一方面是因为电信运营商对 IDC 的盈利能力的满意度比较低，亟须提高 IDC 的盈利能力；另一方面，云计算的大规模、动态、集中化管理、虚拟化等的技术特点是 IDC 更需要的。

在这种背景下，该运营商在全面、深入地研究云计算的技术特点之后，跟业界知名的相关服务提供商开展了合作，进行了针对 IDC 业务、IDC IT 基础架构和 IDC 运维等多个角度的咨询工作。在 IDC 业务咨询中，运营商在该服务的帮助下，确定了调研范围，研究了运营商现有的 IDC 业务，与客户进行了沟通，在完成以上工作的基础上，IDC 业务体系得以被重新设计完成。在 IDC IT 基础架构咨询中，该服务提供商对运营商原有 IDC 的网络、主机、存储、安全、容灾等相关基础架构进行了调研，在此基础上，根据运营商的 IDC 实际情况给出了五星级 IDC 机房建议以及相关的设计细则。在 IDC 运维咨询中，该服务提供商调查和研究了运营商现有的运维体系和现状，对人员组织架构进行了一定的分析，在此基础上，最终将运维改进建议和省 / 地市二级运维体系建议呈交给了该运营商。

该运营商在总结了以上的咨询分析工作之后发现，如果资源配置、管理和出租是通过云计算的方式开展的话，从投资回报分析可得出：云计算业务的盈亏平衡通过 2000 个 Core 的虚拟机的出租即可实现。想要实现云计算业务的盈亏平衡甚至是实现盈利的话，如何吸引更多的用户使用 IDC 服务将会是该运营商今后的工作重点。

针对这个问题的解决，除了可以进行营销推广之外，关键是选择在当地具有影响力的大用户建立起样本工程。解决这个问题的关键除了进行营销推广外，关键是在当地的大型用户中建立起样本工程。于是，运营商在服务供应商这个中间人的帮助下，对当地大型客户进行了仔细斟酌，最终，它的重点突破对象就是当地一家最大的、已上市的、正在进行全球化的企业。该服务供应商由于事先与该企业建立了良好合作关系，对该企业所有应用作了负载、风险以及迁移这三个方面的分析，最终选出其中 23 个非核心应用。通过相关投资回报分析得出，将这 23 个非核心应用迁移到云平台上，企业以后每年只需投入未迁移前成本的 60% 即可。从风险方面考虑，由于迁移的是非核心应用，风险较小且不致失去控制。鉴于平台迁移能够带给企业的种种好处，该企业在短时间内与运营商签订了框架合作协议，该企业购买了 1200 个 Core 的虚拟机。于是，该运营商最终作了进行 IDC 改造的决定，正式对外提供云 IDC 服务在 2011 年得以实现的。

第二节　云计算的发展展望

一、云技术从粗放向精细转型

过去十年，云计算技术快速发展，云的形态也在不断演进。基于传统技术栈构建的应用包含了太多开发需求，而传统的虚拟化平台只能提供基本运行的资源，云端强大的服务能力红利并没有完全得到释放。未来，随着云原生技术的进一步成熟和落地，用户可将应用快速构建和部署到与硬件解耦的平台上，使资源可调度粒度越来越细、管理越来越方便、效能越来越高。

二、云需求从 IaaS 向 SaaS 上移

伴随企业上云进程不断深入，企业用户对云服务的认可度逐步提升，对通过云服务进一步实现降本增效提出了新诉求。企业用户不再满足于仅仅使用基础设施层服（IaaS）完成资源云化，而是期望通过应用软件层服务（SaaS）实现企业管理和业务系统的全面云化。未来，SaaS 服务必将成为企业上云的重要抓手，助力企业提升创新能力。

三、云布局从中心向边缘延伸

5G、物联网等技术的快速发展和云服务的推动使得边缘计算备受产业关注，但只有云计算与边缘计算通过紧密协同才能更好地满足各种需求场景的匹配，从而最大化体现云计算与边缘计算的应用价值。未来，随着新基建的不断落地，构建端到端的云、网、边一体化架构将是实现全域数据高速互联、应用整合调度分发以及计算力全覆盖的重要途径。

四、云安全从外延向原生转变

受传统 IT 系统建设影响，企业上云时往往重业务而轻安全，安全建设较为滞后，导致安全体系与云上 IT 体系相对割裂，而安全体系内各产品模块间也较为松散，作用局限效率低。未来，随着原生云安全理念的兴起，安全与云将实现深度融合，推动云服务商提供更安全的云服务，帮助云计算客户更安全地上云①。

五、云应用从互联网向行业生产渗透

随着全球数字经济发展的进程不断深入，数字化发展进入了动能转换的新阶段，数字经济的发展重心由消费互联网向产业互联网转移，数字经济正在进入一个新的时代。未来，云计算将结合 5G、AI、大数据等技术，为传统企业由电子化到信息化再到数字化搭建阶梯，通过其技术上的优势帮助企业在传统业态下的设计、研发、生产、运营、管理、商业等领域进行变革与重构，进而推动企业重新定位和改进当前的核心业务模式，完成数字化转型。

六、云定位从基础资源向基建操作系统扩展

在企业数字化转型的过程中，云计算被视为一种普惠、灵活的基础资源，随

① 胡安安．云计算产业创新发展模式研究 [M]. 上海：上海科学技术出版社，2019.

着新基建定义的明确，云计算的定位也在不断变化，内涵也更加丰富，云计算正成为管理算力与网络资源，并为其他新技术提供部署环境的操作系统。未来，云计算将进一步发挥其操作系统属性，深度整合算力、网络与其他新技术，推动新基建赋能产业结构不断升级。

参考文献

[1]蔡京玫，宋文官.计算机网络基础[M].北京：中国铁道出版社，2019.

[2]陈亚威，蒋迪.虚拟化技术应用与实践[M].北京：人民邮电出版社，2019.

[3]池瑞楠，姚骏屏.虚拟化技术与应用[M].北京：高等教育出版社，2018.

[4]韩斌，秦智，李享梅.网络服务器配置与管理[M].西安：西安电子科技大学出版社，2017.

[5]何宝宏，黄伟.云计算与信息安全通识[M].北京：机械工业出版社，2020.

[6]何进.基于云计算网络安全研究[D].成都：电子科技大学，2016.

[7]胡安安.云计算产业创新发展模式研究[M].上海：上海科学技术出版社，2019.

[8]黄华，叶海.云计算数据中心运维管理[M].北京：清华大学出版社，2021.

[9]黄晓芳，孙海峰，左旭辉.网络安全技术原理与实践[M].西安：西安电子科技大学出版社，2018.

[10]赖英旭.计算机病毒与防范技术[M].北京：清华大学出版社，2019.

[11]李晨光，朱晓彦，芮坤坤，等.虚拟化与云计算平台构建[M].北京：机械工业出版社，2017.

[12]李慧玲.云计算技术应用研究[M].成都：电子科技大学出版社，2017.

[13]李剑.计算机网络安全[M].北京：机械工业出版社，2019.

[14]李强.网络安全技术与实践[M].北京：北京邮电大学出版社，2018.

[15]李森.计算机网络存储技术[J].环球市场信息导报，2017（2）：129-131.

[16]李文，杨方，崔嘉.网络安全技术及应用[M].长春：吉林大学出版社，2017.

[17]李玉林.计算机网络攻击与防御技术研究[M].郑州：黄河水利出版社，2018.

[18]刘飞飞.入侵检测理论及关键技术研究[M].合肥：合肥工业大学出版社，2019.

[19]陆舜.浅析影响网络安全的主要因素及防护技术[J].黑龙江科技信息，2016（30）：203.

[20]马宁.云计算关键技术[M].成都：电子科技大学出版社，2017.

[21]莫有印，赵迅，卢星.计算机技术与云安全[M].延吉：延边大学出版社，2019.
[22]裴向东，王升辉，郭卫卫.云计算[M].西安：西北工业大学出版社，2020.
[23]秦科，娄春伟，张力，等.网络安全协议[M].成都：电子科技大学出版社，2019.
[24]卿昱.云计算安全技术[M].北京：国防工业出版社，2016.
[25]孙丽丽，王伟峰，丁鹏，等.网络存储与虚拟化技术[M].北京：北京航空航天大学出版社，2013.
[26]王宏，简碧园，王翰韬，等.虚拟桌面操作系统的原理和应用[M].武汉：中国地质大学出版社，2018.
[27]王静宇，顾瑞春.面向云计算环境的访问控制技术[M].北京：科学出版社，2017.
[28]王敏，甘刚，吴震.网络攻击与防御[M].西安：西安电子科技大学出版社，2017.
[29]王群.网络攻击与防御技术[M].北京：清华大学出版社，2019.
[30]王伟明，胡宇翔，庄雷.新型网络体系结构[M].北京：人民邮电出版社，2014.
[31]谢正兰，张杰，兰晓红.新一代防火墙技术及应用[M].西安：西安电子科技大学出版社，2018.
[32]徐雷，郭志斌，李素粉，等.网络功能虚拟化技术与应用[M].北京：人民邮电出版社，2016.